公共衛生和預防醫學醫師
詹姆斯・漢布林 James Hamblin——著
黃于薇——譯

皮膚微生物群

護膚、細菌與肥皂，你所不知道的新科學

CLEAN

THE NEW SCIENCE OF SKIN

目錄

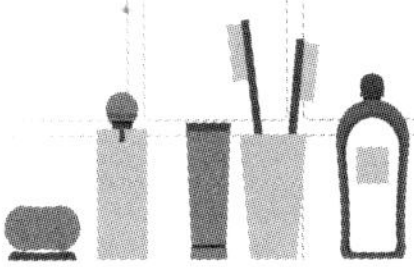

序言

五年前開始，我不再洗澡了。

至少就「洗澡」這個詞最現代化的定義來說，我確實沒在洗澡。我還是偶爾會沖濕頭髮，但是我不再使用洗髮精或潤髮乳，除了洗手之外也不用肥皂。我還放棄了其他個人護理產品，像是去角質霜、保濕乳霜和體香劑這些我以往認為與乾淨清潔息息相關的用品。

我並不是要推薦這種作法給大家。從很多方面來說，這樣其實很糟糕，但是也徹底改變了我的生活。

我很想說我是出於某些高尚、充滿道德感的動機而停止洗澡，像是因為美國人平均洗一次澡要用掉約七十六公升品質良好的水，而且用掉的洗澡水中充滿了以石油製造的清潔劑，還有用砍伐雨林來生產的棕櫚油製成的肥皂；身體護理產品透過以燃料驅動的船隻和火車運送到世界各地，其中所含的抗菌防腐劑與塑膠微粒會流入湖泊和溪流，進入我們的食物和地下水，最終回到我們體內；全球藥妝店裡陳列著一排又一排塑膠罐裝的身體護理產品，這些容器永遠無法被生物分解，最後只會一堆堆漂浮在海面上，有如一座座小島，而可憐的鯨魚還會把這些小島誤認成同類，試圖和它們交配。

最後關於鯨魚的這一句不是真的（但願如此），不過我描述的其他情況，確實是全球七十億人口日常盥洗習慣對於整個地球帶來的影響；只不過在剛開始停止洗澡時，我並沒有認真考慮到那些事情。

對我來說，停止洗澡的開頭非常簡單，甚至不是真的關乎洗不洗澡。當時的我剛搬到紐約，一切都變得更小、更貴、更艱難。我放棄了在洛杉磯的醫生職務，嘗試成為新聞工作者，從一個年薪可達五十萬美元的行業跳槽到一個全球都已趨於飽和的就業市場，幾乎和所有人的建議背道而馳。我搬進美國另一頭的一間獨立套房，回到職業生涯的最底層，四面八方都沒有明確的道路，更不用說往前走或往上爬了。有位前輩告訴我，在確定自己的方向正確之前，不要嘗試重新往上爬。

我想他的意思並不是「不要洗澡」，不過我認為，這確實是重新盤點生活中所有事物的時機。在審視自我存在的過程中，我想了想有哪些物品和習慣是我可以嘗試放棄的。我大量減少咖啡因和酒精的攝取量、停掉有線電視和網路、賣掉車子……減少任何可能不知不覺成為經常性的開銷。我還一度考慮住到麵包車上，因為這種生活在 Instagram 上看起來非常迷人，不過遭到女朋友和周圍所有人堅決反對。

雖然買肥皂和洗髮精沒花多少錢，但是我確實思考了使用這些東西總共耗費我多少**時間**。行為經濟學家和生產力研究專家有時會將一些微小選擇的累加效應量化，幫助人們戒除某些習慣。打個比方：假設你住在紐約，每天抽一包菸，一年要花費將近五千美元；在接下來的二十年間，若把費用預估漲幅考慮進去，戒菸可以讓你省下將近二十萬美元。如果少喝點星巴克，據我所知，你就有能力在百慕達買下第二間房子。若你每天花三十分鐘洗澡和塗抹清潔護理產品，那麼在漫長的人生當中（就樂觀地假設是一百年好了，這樣也比較好計算），你就要耗費一萬八千兩百五十個小時在洗浴上；這樣算下來，不洗澡可以讓你的人生空出兩年多的時間。

親朋好友都認為我沒辦法好好享受這些多出來的時間，因為我會變得骯髒邋遢、蓬頭垢面，我媽更是擔心我會因為沒洗掉病菌而生病。或許我會想念常人都有的清潔保養習慣，那些習慣驅使我們花費時間在自己身上、讓我們至少看似能向世界展露自己想呈現的樣子。或許我會想念好好洗個熱水澡的簡單儀式，還有每天早晨醒來都感覺自己煥然一新、準備好面對這一天的感覺。

但是如果這些情況都沒有發生呢？要是我實際上變得更少感冒、看起來更體面，而且找到其他更好的例行習慣和儀式呢？要是浴室裡的那些產品，從洗去頭髮油脂的洗髮精、補充油脂的潤髮乳，到清潔皮膚油脂的肥皂、補充油脂的保濕乳霜，最大的功用就是讓我們購買更多產品呢？如果你從來不曾停止使用這些東西好幾天，要怎麼知道它們實際上功效如何？

「我知道不洗澡會怎麼樣，」抱持懷疑態度的人最常這樣回答，「那感覺很糟。」對於這個答案，我會說，沒錯。我知道嗜喝咖啡的人沒喝咖啡會怎麼樣，那感覺很糟。我知道參加一場不認識半個人的派對會怎麼樣，那感覺很糟。我知道沒經過訓練就去跑馬拉松會怎麼樣，那感覺很糟。不過我也知道慢慢減少咖啡因的攝取量是什麼感覺，在新的社交圈中變得越來越自在是什麼感覺，還有身體越來越強健、跑完四十二公里也不會彷彿快要往生是什麼感覺。

人體越是逐步適應這些改變，就越能接受、甚至樂在其中。改變日常清潔習慣，也可以說是同樣的道理。我逐漸減少清潔產品的用量，經年累月下來，需要的用量也越來越少，或者至少可以說，我漸漸認為自己不再需要用到那麼多。我的皮膚慢慢變得沒那麼油膩，長濕疹的地方也越來越少。我身上沒有松樹或薰衣草的味道，但是也不會像以前還常在腋窩噴塗體香劑時，只要一天沒用就飄出像洋蔥般的體味。依我女朋友的話來說，我聞起來「像個人」。我從最初的懷疑態度，轉變成興致盎然。

我很清楚自己也有難聞的時候，不過發生的頻率越來越少，而且我開始知道什麼情況下會有體味。出汗或有體味，通常是伴隨著其他因素出現，例如壓力大、睡眠不足，基本上就是身體狀況不佳的時候。當我去家裡位於威斯康辛州的林場，或是到黃石國家公園（Yellowstone）度假健行時，可能好幾天都沒有室內衛浴設施可用，但我幾乎可以肯定自己聞起來、看起來都算像樣。但是在除了通勤之外根本懶得出門的冬天，我就會覺得自己有點邋遢，身上聞起來也有一點味道。實質上來說，我變得越來越懂得身體「想告訴我」的訊息。身體似乎不會那麼常要我「洗澡」，而是要我「出去外面走走、與人互動等等」（我的身體表達意見時偶爾還是會用「……等等」含糊帶過）。

我之所以能停止洗澡，有很大一部分是因為以美國社會普遍存在、根深蒂固的成見來說，我天生就擁有比較容易被接納的條件：我是一個行動自如、外表健康的白人男性；我還算年輕，買得起比較合身且不會破破爛爛（有時甚至是故意設計成有破洞）的衣服，也能定期清洗更換衣物；我受過教育，能流利使用當地的主流語言。光憑這些，就代表我這輩子都不必像某些人一樣，得要符合別人對外貌的特定期待才能得到應有的認同。就算不洗澡或是不打理儀容，我還是很有可能被別人看作能勝任工作或具備專業的人，也不太會因為儀容被餐廳拒於門外。換句話說，我幾乎什麼也不用做，就會被當作是乾淨衛生的人。

長久以來衡量這些事情的社會標準，與許多因素密不可分，尤其是個人衛生和公共衛生的歷史。關於乾淨，有些標準幾乎放諸四海皆準，那是源自於演化過程中為了避免染病及自保所產生的厭惡和反感；但也有些標準遠遠超出了傳染病或毒物暴露的科學範疇。我們用來保護自己免於生病的清潔習慣，已經混雜了由社會認定、透過複雜的信念系統延續的例行公事；這些信念系統定義了我們在世界上的定位，讓我們在歸屬感與獨特性之間達到適當的平衡。就連如何照顧身體這種最私人的決定，長久以來也受到龐大的權力結構影響及操控。

在撰寫這本書的過程中，我取得了公共衛生碩士學位，並完成預防醫學的住院醫師訓練。相較於過度著重於被動應對和局部暫時性治療、導致治標不治本的醫療文化，預防醫學這門相對新穎的醫療專科應該能發揮平衡作用。預防醫學的重點在於如何防範疾病發生，而關鍵往往在於最基本的事物，像是適當的食物、乾淨的飲水，以及能夠安居的環境，讓人可以過著充實積極、富有意義的生活。健康對於每個人代表的意義不同，但是多少都關乎一個人有多大的自由能夠好好生活、發展人際關係、從事有意義的工作，尤其是財務與時間上的自由度。

這個基本道理，讓我更加好奇人們在皮膚護理上總共花費了多少時間和金錢，以及是哪些標準決定多乾淨才算是可以接受。其中很多標準都可以追溯到某個產業，它在過去兩百年來推銷給人們無數關於健康、幸福、美容的承諾，以及各式各樣「表面工夫」帶來的認同。於是，從十九世紀的「肥皂潮」（soap boom）到現代的護膚產業，我花費好幾年的時間研究肥皂的歷史與科學，解構它所孕育的財富、產品和信念系統。在訪問過微生物學家、過敏科醫師、遺傳學家、生態學家、美容師、香皂愛好者、創業投資業者、歷史學家、艾美許人（Amish）、國際援助工作者，還有幾位坦誠以告的詐騙分子之後，我開始認為我們正處於**乾淨**這個基本概念出現重大變革的轉捩點。

全球的肥皂、清潔劑、體香劑、護髮和護膚產品市場，如今產值高達數兆美元。排列在現代浴缸和浴櫃上的瓶瓶罐罐，陣容比從前帝王的收藏品還要可觀。這些賣給我們的產品，定位大多不是奢侈品，而是必需品。這個主打幫人體抵禦外在世界的產業，已經成長到前所未有的規模。

在全球人類的清潔範圍和強度逐步增加的同時，我們也忽略了清潔對於皮膚表層數兆微生物的影響。科學家才剛開始了解這些微生物是如何影響人體的各種作用。皮膚上絕大多數的微生物似乎不只是無害的存在，而且對皮膚的功能有著重要影響，甚至關係到免疫系統的運作。

皮膚微生物群系是一個全新的重要考量因素，促使我們重新省思對肥皂和護膚的既有認知，並慎重思考我們大多數人為了追求身心健康所建立的日常習慣。皮膚和體表的微生物群系，是人體與自然的交界處。人體的微生物可以算是我們的一部分，卻又不完全是。隨著我們越來越了解這個複雜而多元的生態系，人類對於自身與環境分野的看法有可能會完全改變。

總歸來說，這本書是要鼓勵大家接受身體與皮膚周遭世界的複雜性，即使你想繼續維持洗澡的習慣也沒關係。

這本書是在新型冠狀病毒疫情爆發之前的幾年間寫成，疫情高峰時原文版已經付梓，所以在本書中不會看到任何關於COVID-19的內容。不過，面對這個防疫意識提高的新時代，在我們逐漸回歸日常、準備迎戰下一次疫病流行的時刻，我所分享的故事和原則同樣與大家切身相關。值此時期，好好檢視我們的日常習慣、仔細思考我們使用的東西以及自己和自然界的關係，或許比過去更加重要。希望對於微生物生態有更全面的了解，能幫助我們在接下來的日子裡過得更好。

I 無瑕

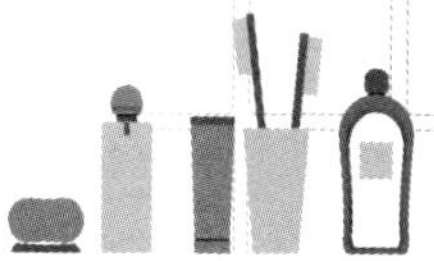

我走出電梯，踏入一間富麗堂皇、採光充足的辦公室；這裡位於七樓，可以眺望曼哈頓的布萊恩特公園（Bryant Park）。此時是二〇一八年的秋天，距離我上次洗臉已有三年，我來到這裡，是想看看效果如何。

以人字紋拼貼的木頭地板上，擺放著與人同高的大型花藝裝飾。壁爐前設有白色壁爐架，不知何處傳來長笛吹奏的輕柔音樂，縈繞在室內。枝形吊燈的下方，有一張鋪了白色床罩的床正靜靜等待著。這裡是近年大放異彩的護膚公司 Peach and Lily 的總部。這家公司主打結合韓國傳統與西化運動的「韓式美妝」；韓式美妝著重肌膚保養，通常包含一系列清潔、緊緻、保濕和敷面膜等步驟，整套日常保養步驟可能多達十個以上。

Peach and Lily的創辦人艾莉西亞・尹（Alicia Yoon）擁有哈佛商學院ＭＢＡ學位，也是專業美容師。她最有名的成就，大概就是讓蝸牛萃取液廣為運用在護膚上。在短短兩年之內，尹帶領Peach and Lily從一間小小的網路商店，蛻變為擁有完整系列產品的原創品牌，並透過Urban Outfitters和ＣＶＳ等零售商擴大銷售通路。當時正值美容產業蓬勃發展，Peach and Lily可說躬逢其盛。韓式美妝以南韓的悠久傳統為基礎，在國內產值呈現爆炸性成長，達到每年一百三十億美元以上。韓式美妝也在美國掀起流行風潮，使護膚產品在美容產業的成長速度超越化妝品。光是二〇一八年，頂級護膚產品的銷售額就成長了百分之十三，遠遠高於美國國內生產毛額（ＧＤＰ）的成長率。

笑容甜美的助理在電梯口迎接我。她請我脫掉衣服，我說我是來做臉的。對方笑了，說她知道，然後遞給我一件浴袍，還有一份關於保養習慣的問卷，之後便退出房間讓我更衣。

我拿起問卷細讀，內容和在診所候診區要填寫的東西很像。

除了關於過敏和飲食習慣的問題，還有一連串有關皮膚的提問：我使用哪款去角質霜？哪款保濕乳霜？哪款精華液？哪款洗面乳？每款產品的使用頻率？使用的順序和組合是什麼？

我很快就填好了，因為我什麼也沒用。尹走進來，很親切地歡迎我，不過在看到那張幾乎空白的表格、得知我並不是忘記寫之後，她的神情為之一變。「天哪，」她說，「你做臉不會出什麼問題吧？」

「當然不會啊——等等，為什麼會有問題？」我先前並沒有認真想過自己會有什麼風險，這下子突然擔心起來。「我不知道……應該說，妳認為會出問題嗎？」

「應該是不會怎樣，只是我從來沒有服務過……這樣的人。」她越講越小聲，不知道是出於難過、失望，還是兩者皆有。

我躺下來，明亮的燈光照在臉上，尹以指尖輕觸我的臉頰，然後稍微加重了力道。她略帶遲疑地開口問我：「你有摸過自己的臉嗎？」

這問題問得好。

我從青春期以來就幾乎不碰自己的臉，當時皮膚很爛的我相信痘痘是因為臉沒洗乾淨或洗得太乾淨造成的（如今知道，那是過時的觀念）。有好幾次痘痘長到眼皮上，變成針眼，我的眼睛腫到幾乎睜不開。和別人聊天時，腫起來的眼睛總會變成大家注意的焦點，讓我根本沒辦法有正常的社交互動。即使上大學之後皮膚狀況轉好，我還是保持習慣，盡量不用手（還有上面的細菌和病毒）去碰我的臉。

不過，此刻我並不想向尹交代這麼長的背景故事，我只跟她說我摸臉的頻率「很正常」，她便開始幫我做臉。

尹對於「問題」肌膚並不陌生。她人生有一大段時間在對抗嚴重的濕疹，有時會因為太癢把患部抓得脫皮，嚴重時會抓到連表皮都不剩。「我在成長過程中幾乎把想得到的方法都試了，甚至連漂白水浴都做過。」她說。她口中的漂白水浴會殺光人體皮膚上的微生物，是具有爭議的作法。

不過，尹進入韓國的美容學校之後，開始嘗試能緩和發炎的新式護膚步驟。她發現固定使用幾款溫和的保濕產品有助改善症狀，那是她個人「突破護膚觀念的關鍵時刻」，也是她現在推廣給客戶的方法。

尹在我臉上擦了 Peach and Lily 的玻璃肌緊緻精華液（瓶身包裝標榜能打造「透明＋光澤感」美肌，並含有「胜肽成分」）、完美煥顏精華油（含有荷荷芭油，能夠「滋養與恢復平衡」），敷上含有藍色龍舌蘭的強效賦活面膜，再擦上抹茶布丁抗氧化乳霜。她推薦我日常在家可以使用含有玻尿酸成分的自然光彩面膜。

由於玻尿酸能吸收水分，為表皮保濕。嬰兒擁有大量玻尿酸，這是嬰兒皮膚柔嫩緊實又澎潤飽滿的原因之一。不過，把玻尿酸**塗抹**在皮膚上是否等同於皮膚能**吸收**玻尿酸，目前還沒有定論。畢竟把汽油淋在車上或是塞滿屋子，都是毫無益處的行為。根據我訪問過的皮膚科醫師所言，某些形式的酸**有時**可以滲透到皮膚中，但是只有分子量較小的酸可以做到。Peach and Lily 的面膜並沒有寫明其中所含的玻尿酸能不能滲透皮膚，不過確實號稱有「抗老化」的效果。

在人們出於某些原因開始漸漸不信任科學和醫藥的時期，會出現這股護膚熱潮應該不是純屬巧合。皮膚科醫師就和其他科別的醫生一樣，往往供不應求、收費高昂，但是許多人認為皮膚科醫師沒有達到自己的期望。如果膚質可以分成「好」或是「壞」（壞是指不適、乾燥、發炎、發癢、疼痛或是其他令人不舒服的狀態），那麼人類整體的皮膚狀況正每況愈下。罹患異位性皮膚炎（也稱異位性濕疹）的比率正在快速增加；根據世界衛生組織（ＷＨＯ）的資料顯示，乾癬的盛行率在一九七九年到二〇〇八年間增加了一倍以上；痤瘡（俗稱青春痘）仍然困擾著許多正值社會發展關鍵時期的青少年，也有研究顯示成人長痤瘡的比例越來越高，尤其是女性。

造成這些趨勢的原因很複雜，遠遠超出皮膚的範圍。舉例來說，《臨床、美容與研究皮膚醫學期刊》（*Clinical, Cosmetic and Investigational Dermatology*）在二〇一八年刊登的一篇文獻回顧研究指出，女性長痤瘡的比例增加，原因可能與「代謝症候群」造成的荷爾蒙失調有關，而代謝症候群基本上涵蓋了罹患糖尿病、心血管疾病和有肥胖問題的族群。胰島素含量過高會使人體將雌激素轉化成睪固酮，促使皮膚中的生長因子分泌更多油脂、改變皮膚菌落，進而讓發炎的循環更加惡化，最終形成面皰。

皮膚底下隱藏著如此複雜的機制，也難怪光靠外用藥物治療痤瘡和其他常見皮膚問題，往往效果不彰或作用不穩定。然而，全身性治療未必就可靠到哪裡去。有時醫生開立口服避孕藥處方，只是為了解決所謂的荷爾蒙失調；但是這種重新調整的效果因人而異，有人從此「改頭換面」，也有人毫無改善，患者卻要為了解決皮膚問題去承受改變全身化學機制的副作用。抗生素也不一定有幫助，而A酸等強效藥物可能導致胎兒先天缺陷，還有許多患者回報用藥後產生嚴重憂鬱的情況。為乾癬和濕疹所苦的患者，可能大半輩子都在反覆使用和停用類固醇藥物，始終找不到一種確定有效的療法，甚至無從知道為什麼會復發。這樣反覆嘗試又屢屢失敗的結果，難免會讓病患覺得不如自力救濟。

對於控制權和確定感的渴望，也讓人們想防範未然，採取醫療體系一直以來不曾認真看待的那些預防對策。尹看出，號稱能「滋養」或「保護」肌膚的產品在市場上需求越來越大。根據她從消費者口中得知，有一部分的原因是大家越來越擔心空氣汙染的影響，還有擔憂溫室氣體破壞臭氧層使得紫外線逐漸增強。由於地球失去了原有的保護殼，人們只好自己建立保護殼。

尹擦在我臉上的每一款產品，強調的效果都包含魅力、保護力和保養——讓對抗**毒素**和其他環境危險因子的防護措施與美容之間的界線越來越模糊。她將某些保養步驟比喻成為臉部肌膚帶來養分，表示這樣可以「提供維生素、礦物質和脂肪酸，讓你的皮膚保持健康」。我開始覺得自己有點太散漫了。

就法律定義而言，保養品並非食品。從法規上來說，保養品也有別於藥品，不能宣稱具有治療或預防特定疾病的功效。然而，業者卻**可以**一邊聲稱能促進及維持健康，一邊銷售這些產品，而不用理會讓藥品取得核准上市所需遵循的繁瑣規定。尹屬於一個全新的企業家世代，他們立足的產業不完全是保健，也不完全是美容，而是兩者的融合。新型護膚產品宣稱能讓膚質看起來好得很「自然」，這樣就不再需要化妝品和醫藥。這樣的產品並不只是暫時美化容貌、讓我們開心愉悅而已，它們的功效更像是藥品，因為業者暗示它們可以預防或解決皮膚問題。

這個新產業繞過了傳統的把關者，業者可以直接在我們的 Instagram 動態消息上大力行銷。YouTube 網紅們主張各種解決肌膚「問題」的反傳統創舉，打造個人品牌，發揮彷彿被醫學院視為眼中釘的那種舌粲蓮花，講得頭頭是道。在這裡，每個人都成了專家。就算是堆積如山的研究結果，似乎也無法改變什麼對你有用、什麼沒用的事實。

如果你曾有過皮膚困擾，那你大概就明白這些商品標榜的成效多有吸引力。當年我依照皮膚科醫師的建議使用抗生素，青春痘卻毫無改善，我那富有創新精神的牙醫老爸甚至提議，既然提高口服抗生素的劑量可能會產生不良副作用，不如試試看外用。於是我打開四環黴素膠囊，倒進水裡攪拌，然後抹在整張臉上。結果我的臉除了發紅長痘，還變得有點黃黃的。有人問我是不是用了助曬油，因為當時美國中西部某些青少年會用這種產品來讓自己看起來像是在戶外曬了很久。我大笑回答說那樣太蠢了。事實上，為了讓我怪異的大花臉變得膚色均勻一點，我幾乎試過各式各樣的方法，助曬油也不例外。不過你知道把橘色、紅色和黃色混在一起會怎麼樣嗎？會變成一種更奇怪的橘色，看起來比原本更不自然、更讓人心煩。

我躺在 Peach and Lily 整潔舒適的床罩上，遠離下面嘈雜且缺乏溫度的都市街道，腦中想的不是行銷，也不是我年少時的煩惱，我甚至根本沒在思考。如果你從來沒有做過臉，我跟你保證，那感覺真是太美妙了。做臉不只是帶來按摩和塗抹產品的感官享受，還會讓你立刻擺脫現在生活中面臨的所有壓力，暫時沉浸在一股無比的尊榮感中。有另一個人，正在花費時間和心力**撫摩你的臉**，就只是為了讓你覺得舒服、變得好看。

療程結束後，尹裝了一整袋的試用包給我，要我在家裡體驗看看。她沒辦法給我玻璃肌緊緻精華液的試用包，因為這款產品才剛推出就銷售一空，到處都缺貨，連她自己也不夠用。

「你需要好好照顧你的臉。」她這樣告訴我，鼓吹我至少要用洗面乳。我聽了哈哈笑起來，但她沒有笑，我不由得臉上一紅。我走進電梯時，她又說了一次，語氣非常堅定：「你要勤勞一點。」

做完臉部按摩後來到街上，少了臉上原有的老廢角質和油脂（誰知道？），我對世界的感受變得截然不同。我走到陽光下——如果你不曾在好幾年沒洗臉之後突然來個超高級的臉部按摩，可能很難相信我說的——以前我從來不曉得，居然可以像這樣透過我的臉感受世界。我的皮膚（我摸了一下）顯然變得比較柔嫩。而且，雖然可能只有我自己這樣覺得，但是我馬上感到別人看我的眼神不一樣。或許是因為我變得神清氣爽、走路有風，或許是因為我看起來真的變得比較有魅力，又或許我看起來只是個有本事把抹茶粉敷在臉上的人。

總之，我覺得自己不一樣了，有時候光是能達到這一點就足矣。不見得要變得比較好，只要變得不一樣就行。這提醒了我，人有多麼容易習慣世界對待我們的方式，然後就以此認定自己的定位。一旦如此，很容易只著眼於異於常態的經歷，就是當有人出乎意料地對我們特別親切或是特別不友善的時候。在有其他重大的具體變化時，這種作用也會特別明顯，像是盛裝打扮或是換了髮型。這種時候最能感受到外表真的會影響他人對待你的態度，雖然真切體認到這點並不是那麼舒服。

我還察覺另一個影響更久遠的差異。在此之前，我一直都過著不做臉也無所謂的人生。就算曾經想到做臉這件事情，我大概也只會覺得那是放縱享受的虛榮行為；而且老實說，身為在印第安納州長大的孩子，我會覺得那好像不是男人**會做**的事情。最起碼，做臉不是一件讓我有興趣花費時間和金錢的事情。然而如今體會到讓別人在臉上按摩、塗抹東西這麼簡單的一件事情，居然可以改變我一整天的心情，我再也不覺得這不算什麼。我明白，就和許多一開始感覺很高級的東西一樣，這些精華液、潤膚油和面膜最後也會失去原本的奢華感，開始變得像是例行保養，甚至是必要之物。

如今視為理所當然的許多清潔習慣，都是很近期才出現的。在短短幾個世紀間，世界上大部分地區對於社會和個人的衛生與清潔標準，從偶爾跳到河裡洗一洗提高到天天都要沖澡或泡澡。根據別人給我的感覺，現在就連講到不洗澡，都是「吃飯時不宜的話題」。

往返在極簡主義和極繁主義這兩個世界之間，讓我開始好奇理想的平衡點到底在哪裡。我不想開始培養另一個要花大錢的習慣（而且蝸牛自己不需要黏液嗎？），但我也不想錯過什麼顯然能帶來快樂、讓平凡無奇的日常互動變得別有意義的事情。我到底該怎麼照顧我的皮膚？大家所做的清潔保養，有多少是出於享受樂趣（或者是為了至少不要讓別人討厭或顯得疏於保養），又有多少真的能改善我的健康與福祉？

不管怎麼說，我很難和以前一樣什麼都不做了。

二〇一六年時，我在《大西洋》（*The Atlantic*）雜誌發表一篇短文，談自己停止洗澡的經驗；我從來沒有像那次一樣，同時經歷等量的關愛、厭惡、好奇和酸言酸語。數百位讀者寫信來發表感想，流露出各種情緒：有人說我發現的現象他們老早就發現了，有人說我瘋了，也有人來主張自己的衛生清潔習慣才符合醫學觀念。

有些人無法接受我身為醫生居然暗示個人衛生不重要（這是他們的解讀），說霍亂還在持續爆發傳染，每年更有數十萬人死於流感，我怎麼可以如此不負責任。有些人不滿我沒有寫明自己是因為身為富裕國家的白人男性，才能有選擇不洗澡這樣的特權。

也有人覺得這是顯而易見的事情。有位名叫派翠西亞的德國女性在信中寫著：「我非常贊同你的意見！」她的情況是不得不戒除洗澡的習慣。二〇〇七年復活節那個星期天，她因為難以忍受的背痛去了醫院，結果診斷出中風。「在只有一點五隻手可用的情況下，洗澡是件苦差事。」她寫道，「我還曾跟朋友和鄰居們說『如果覺得我有味道，拜託告訴我！』」不過除此之外，「到現在都沒什麼問題，除了偶爾要『洗貓』，我洗澡的頻率已經減少到大概一個月一次。」她的雙腳不再有異味，她也注意到皮膚和頭髮的出油似乎慢慢減少，讓她得以拉長洗澡間隔。

有位名叫克萊兒的八十九歲女性從安大略寫信來，說她和丈夫（於九十六歲過世）從來不洗澡。她認為這是一種日常保健方法，還附上照片證明她的外表看起來比實際年齡年輕得多。照片中，她戴白色遮陽帽，穿運動短褲，正對著鏡頭揮手。「或許是因為有運動習慣，而且對飲食**非常**節制的關係，我健康得不得了，每個見過我的人都很驚訝。」她寫道，「我昨天在家裡車道上鏟了兩次雪，一點也不覺得累。」

我回信問她，怎麼會想到要停止洗澡？「為什麼我們要洗這麼多澡？」她反問。「我們的皮膚會一直剝落、自行清潔，不是已經很棒了嗎？而且肥皂不是會把皮膚上的油脂全都洗掉嗎？」她認為這些都是基本的生活之道，只是最近才流行起來。她還建議我「吃得像原始人那樣」。

沒錯，克萊兒是舊石器時代飲食法（Paleo diet）的原意主義者[1]。她對於「原始人」的概念經常出現在我收到的讀者回應裡：現代生活方式就是造成慢性病的主因，只要我們採行「舊石器時代飲食法」並且以吃牛肉和奶油為主，拒絕農業出現以來的科技製品，就不會得那些病。不過當然了，舊石器時代的人類壽命遠比現在短得多，而且那時候也沒有乳牛。

舊石器時代的生活並非沒有優點。當時人們住在小型聚落和洞穴中，人口分布稀疏，把河川溪流當成廁所也沒關係。很多人可以在不會耗盡自然資源的情況下獵捕動物、採集植物。在這個過程中，他們會接觸到自然界的各種事物，包括陽光、暑熱和寒冷、土壤和動物，還有以現代觀念來看絕對不算「乾淨」的其他人類。

如果從人類史的角度來看，這種生活方式是一直到最近才變得難以實行。在距今不遠的一六〇〇年，倫敦全城的人口才二十萬人左右；到了第二次世界大戰時，已經增加至八百六十萬。現在的紐約市人口也差不多是這個數字，曼哈頓的室內面積已逼近曼哈頓島土地面積的三倍。

這些垂直分布的人類集結區，形同一個個集中資源與人員的極端生活實驗。全球平均壽命已達到七十二歲左右，可以預期我們每一個人都會經常使用能源、運輸工具以及工業化農業的產品，連帶需要砍伐樹木或燃燒化石燃料，讓我們的天空布滿霧霾和懸浮微粒。這些汙染物質會進入我們的肺臟深處，也是引發癌症和心臟疾病的主要原因。世界衛生組織估計，每年約有七百萬人因為吸入汙染物質而死亡。

如果舊石器時代罹患慢性病的人比較少，部分原因出在死於傳染病和受傷的人太多。過去兩個世紀以來，世界上大多數地方的傳染病死亡率都已大幅下降。於此同時，慢性病的死亡率則遠比過去高出許多。全球人口死於慢性病的比例正在快速攀升，幾乎每四人當中就有三人因慢性病死亡。

儘管現代醫學和科技帶來種種好處，新式生活型態仍與這些從前並不常見的健康問題息息相關。自體免疫疾病、糖尿病和心血管疾病的盛行率都在增加，有部分原因是現在許多人活得比以前的人更久。不過，年輕人罹患這些慢性病的比例並不少，顯示這類疾病與我們的生活型態和環境有關。

近年來，糧食體系和久坐不動的生活型態與慢性病之間的關係受到許多關注。相較之下，其他環境因素的重要性鮮少為人所知。其中之一就是大多數地方的人們如今幾乎都在室內生活，處於氣候受到調控的環境中，裡面沒有土壤，也少有動植

譯註1　原意主義者（originalist）：指強調該主張的初始意旨。

物。除了少數天氣完美的日子之外，窗戶都關得緊緊的。在這樣的情況下，大多數人都與從前日常會接觸到的自然事物隔絕。

這種距離有時是必要的。二〇一九年，印度德里（Delhi）發生嚴重霾害，政府建議數百萬市民待在室內數日，並且避免所有體能活動。這類汙染事件（以及需要保持社交距離的疫情）以後可能會越來越頻繁，在更多地方發生。

越來越疏離而室內化的生活方式，無論是出於必要還是偏好，似乎都影響了免疫系統功能，以及我們最主要的免疫器官：皮膚——而我們才剛剛開始了解這些改變。綜觀人類歷史，大多數時期的人類都會持續接觸到大量微生物，這可以訓練免疫系統，讓免疫系統知道在什麼情況下要做出什麼反應。如今，各種演化史上前所未見的環境變化讓許多人的免疫系統產生混淆，無法分辨遇到哪些東西時該讓皮膚出現反應，哪些不必。這種情況，與我們大多被灌輸每天認真洗澡才健康、甚至不洗不行的觀念（有時還一天洗好幾次澡）脫不了關係。即使是在傳染病風險很低的地區，我們也被教育成過度小心提防感染。我們身上不能沾染汙垢、泥巴或塵土，否則就會被認為是邋遢、懶惰、沒有魅力、沒有教養、沒有禮貌、沒有專業水準。簡而言之，就是一句話：不乾淨。

每到十月，加拿大的空氣開始變得乾燥起來，就會有許多男性到珊蒂・斯科特尼奇（Sandy Skotnicki）的診間報到。他們共同的問題，就是發癢。斯科特尼奇對皮膚的了解相當全面，她受過微生物學方面的訓練，現在是多倫多大學皮膚醫學以及職業與環境衛生學的教授。她擔任皮膚科醫師已有二十年，特別關注環境（包括微生物）對於皮膚造成的影響。

「我會問病患『你都怎麼洗澡？』」她告訴我，這些男性都認為發癢是因為換季，好像人類的皮膚只有在夏天才能發揮正常功能似的。不過斯科特尼奇會要他們說一下自己有什麼清潔習慣。「他們會拿著橡膠刮刀之類的東西，用所謂的『男性沐浴乳』清洗全身。有些人因為有運動習慣，一天還會洗到兩次澡。我要他們別再這樣洗澡，只要洗重點部位就好，結果他們照做之後毛病就全都好了。」

我問她何謂「重點部位」。

「重點部位就是腋窩、鼠蹊部和腳。」她說，「所以，你在淋浴或是泡澡的時候，需要洗這裡嗎？」她指著自己的前臂。「不需要。」

斯科特尼奇表示，她在醫生生涯當中經常要苦勸男性患者別再往身上抹沐浴乳，看得出來她對此相當頭痛。她告訴他們，很多人之所以需要補水保濕，只是因為深陷在過度清洗的循環中。

即使是只用水清洗皮膚，也有其效果。水，尤其是熱水，會慢慢洗掉腺體為了保水而分泌的油脂。任何讓皮膚變得更乾燥、孔隙更多的行為，都會提高皮膚對刺激物和過敏原出現反應的可能性。

斯科特尼奇認為，這就是過度清洗對皮膚的一種傷害，會讓有濕疹遺傳基因的人更容易發病。光是濕疹有時已經很讓人困擾，但濕疹通常不是唯一找上門的毛病。濕疹似乎是免疫系統失靈造成的眾多症狀之一，罹患嚴重濕疹的兒童當中，約有半數接下來會出現過敏性鼻炎或氣喘，這是來自免疫系統的一連串過度反應，也就是所謂的「過敏進行曲」（atopic march）。

這個概念最早是由是賓州大學和芝加哥大學的過敏病學家在二〇〇三年提出，他們注意到孩童身上有這樣的模式存在，後來學界進一步證實這些症狀之間的關聯。相關研究更顯示，近來花生過敏案例有增加的趨勢。二〇一〇年，倫敦國王學院的過敏病學家表示他們「很震驚地發現」，患有氣喘的幼兒比其他幼兒更容易對花生過敏。在二〇一九年，美國國家過敏和傳染病研究所（National Institute of Allergy and Infectious Diseases）的所長安東尼・佛奇（Anthony Fauci）就向家長提出建議：「及早採取措施保護孩童的皮膚，可能是預防食物過敏的重點之一。」

目前我們還沒有完全掌握藉由保護皮膚來預防食物過敏的作用機制，不過對於如何降低兒童發生嚴重花生過敏的可能性，近來醫界是建議讓幼兒食用花生，而非完全不吃。就像接種疫苗是為了訓練免疫系統對抗各種傳染病，專家認為可以藉由食用少量的花生來訓練免疫系統認識這種食物。然而，在免疫相關的皮膚問題上，專家的建議卻正好相反。許多治療方法仍是採用免疫抑制劑、抗生素，當然也少不了積極清潔與保濕。

由於濕疹太常見，經常被當作小毛病；雖然很多時候這確實不是什麼大問題，但也有可能讓患者深受其苦。濕疹可能會降低睡眠品質（搔癢感經常是在夜間出現），也可能讓人癢到無論在做什麼都沒辦法不抓癢，進而影響生計。這種症狀似乎集合了所有皮膚可能發生的狀況，包括屏障功能受損、微生物失調，以及免疫細胞增殖。若皮膚的屏障功能因清洗或抓搔受到破壞，可能會改變微生物族群。這樣的情況會讓免疫系統加速運作，指示皮膚細胞快速增殖並產生大量發炎蛋白。全部加起來，就形成發炎、搔癢、屏障受損、微生物失調的惡性循環。「那麼，有沒有可能，」斯科特尼奇推測，「其實是因為我們過度清洗而造成濕疹？」

至少這兩件事情是同步增加的，而且有證據顯示兩者的增加並非毫無關聯。過敏原和過敏反應沒有讓我們嘗試增加接觸，反倒使得我們做了**更多**的清潔和環境消毒。來向斯科特尼奇求診的病患往往已經長了幾週或幾個月的皮疹，他們的直覺反應就是抹更多肥皂、刷洗得更認真。病患來找她是希望能有其他產品，某種能夠讓現有產品無效、甚至能與之抗衡的東西。他們想要「溫和自然」的，那種……效果幾乎跟什麼都沒使用一樣的東西。

醫生很難什麼處方都不開。病患多半想接受某種治療，如果不開藥，那至少要有什麼醫囑讓他們可以遵循。於是，斯科特尼奇找到了把「無」變成「有」的方法，她提倡一套完整的低敏產品「菜單」或「排毒餐」，效果就像停止使用任何東西（或者說，是要盡量接近那樣的效果）。越來越多皮膚科醫師推薦這種作法，希望讓大眾重新調整觀念，就算沒有哪個產品造成明顯的問題，能夠了解到我們實際需要的其實很少，並且慢慢改成只使用真正需要的東西，就是非常重要的心態改變。

畢竟，皮膚非常有彈性。我們可以嘗試以外用產品來控制皮膚或覆蓋在皮膚表層，但皮膚終究是一種經過數百萬年演化、能對皮下和外界源源不絕的訊號做出反應的自然之力。它一直在嘗試保持平衡。

皮膚是人體最大的器官。如果把一個人的皮膚攤開來鋪平，可以覆蓋將近兩平方公尺的面積。皮膚可以往任何方向移動、延伸，還能察覺溫度、壓力和濕度的微小變化。皮膚包含神經纖維的末端，可以傳送訊號給大腦，產生讓人生不如死的疼痛感和飄飄欲仙的愉悅感。皮膚會在我們生病、疲累、焦慮或興奮時與世界交流。即使破了一大塊皮，皮膚也可以在短短幾天之內自行癒合。皮膚可以排出液體，讓體熱更快散發到周圍的空氣中，避免我們過熱而死亡。皮膚的重要性，絕不亞於心臟、脊椎或大腦。若是沒有皮膚，我們體內的水分就會蒸發，外界的一切也會進入我們的身體、讓我們感染病菌，不用多久就會死亡。

因此，皮膚護理極為重要，但是有效的護膚絕不只是在皮膚上塗塗抹抹。

對於皮膚運作機制的標準認知（也是我在醫學院學到的知識），就是皮膚分為三層，最底下的那層主要由脂肪和結締組織構成，另外兩層則有意思得多。最外層稱為表皮，厚度大約只有一公釐，就像一張薄薄的紙，不過發生在這一公釐當中的事情多得驚人。表皮的主要細胞稱為角質細胞，會製造角蛋白，也就是構成大部分皮膚、所有指甲與頭髮的物質。和角蛋白混雜在一起的，還有各種免疫細胞和細微的神經纖維，以及製造黑色素、產生各種膚色的細胞。這些細胞全都對周圍環境極度敏感，也會根據環境的改變而出現反應與變化。

表皮一直再生，人體幾乎沒有其他部位能夠做到這點。僅僅一公釐的表皮當中還分成好幾層，代表不同年齡的細胞。基底層包含幹細胞，會不斷分裂、製造出新的細胞。這個過程在年輕時發生得比較頻繁，但是在人的一生當中，皮膚會不斷產生新細胞，將舊的細胞推向表層。舊細胞到達表層時大多都已經死亡，變得扁平、脫水而且黏成一團，連肉眼都看得見。去角質產品的用途就是去除這些表層皮屑，露出新的細胞，不過這些細胞在自然狀態下也會自行脫落。整個循環的時間大約一個月，皮膚表層會以這種機制持續不斷地重建。

表皮之下是真皮，這一層主要由兩種蛋白質構成，分別是膠原蛋白和彈力蛋白，兩者相互纏繞在一起，讓皮膚緊實而有彈性。比方說，皮革就是純粹的真皮。人類從發明工具以前就懂得用皮革來保護自己，好在風霜雨雪之中存活下來；皮革由於兼具柔韌和耐用的特性，成為難以取代的素材，因此儘管獵殺動物奪取獸皮要付出高昂成本，還有道德上的爭議，人類還是一直使用至今。

表皮和真皮各處都有神經網路，能察覺環境中最細微的變化，像是一隻蚊子的重量，或是攝氏二十度與二十二度之間的差別。與神經網路平行相交的是微血管，微血管會在我們運動和感受到壓力時擴張，讓身體降溫，也會讓我們臉紅，以便向外界展露情緒。

皮膚中還有一團團相當龐大的構造，稱為毛囊。毛囊會製造毛髮，這東西讓人類的祖先能夠忍受寒冷氣候，現今則衍生出涵蓋除毛、修剪、染髮和挑染修容的龐大市場，其中更隱含某種社會準則，代表某個人屬於哪一個社會階層、又想歸屬於哪個群體。

皮膚也包含三種腺體，會分泌油脂和其他化合物。基本的汗腺（稱為外分泌腺）會分泌汗液來讓身體降溫；皮脂腺則會分泌油性的皮脂來潤滑皮膚，否則我們的皮膚會脫水乾裂，使得屏障功能降低而讓微生物趁虛而入，最後導致死亡。

頂漿腺就比較沒那麼顯而易懂，這個腺體是在青春期時發育的，尤其腋窩和鼠蹊部附近分布最多。頂漿腺會製造特有的油性分泌物，不少人覺得這是多餘的東西，甚至會造成麻煩。我們會用止汗劑來試圖阻塞這些腺體，也有很多人花費許多心力在解決這些腺體造成的困擾。如今我們開始了解，這些腺體有助於維持構成皮膚的另一個要素，而這部分堪稱是皮膚的第四層：那就是我們體內和體表數以兆計的微生物。構成體味的氣態化學物質來自皮膚表層的細菌，牠們以皮膚上的油脂為食，尤其在腋窩和鼠蹊部最多。

這些微生物族群會受到我們分泌油脂的量與種類影響，也會受到我們流汗時排出的其他化合物影響，例如鈉、尿素和乳酸。近來我們也發現汗水中含有具抗菌性質的胜肽，像是dermicidin、cathelicidin和乳鐵蛋白，這些化合物在維持及恢復菌叢平衡上似乎都有某些作用。如果你對於出汗感到尷尬不自在，不妨告訴旁邊的人，你的身體只是在參與一場精細奧妙的化學元素芭蕾之舞。

人體帶有某些微生物的事實早已為人所知，早在細菌培養方法問世時，科學家就知道用拭子採集人體皮膚樣本，可以培育出一片驚人的微生物花園。不過一直到近十年來出現新的DNA定序技術，我們才開始了解微生物的規模與多樣性。皮膚表層的微生物若與消化道中的微生物加起來，就占了我們體重的好幾公斤。住在我們體內和體表的微生物細胞，數量比人體細胞還要多。

以往大家都以為皮膚是將我們與外界區隔開來的屏障，但隨著科學家對微生物群系越來越了解，他們也發現皮膚其實是人體與環境的動態交界。微生物生態系其實相當於我們身體的延伸。就像充滿我們腸道的微生物一樣，皮膚表面的微生物很少會帶來疾病，反倒可能有幫助我們避免生病的作用。而我們對皮膚所做（以及沒做）的每一件事情，都會對微生物族群造成某些影響。

清潔身體時，我們可能會清除掉某些微生物，或是改變牠們能取得的資源，總之至少會暫時改變體表的微生物群系。即使我們不使用強調「抗菌」的清潔產品，任何使用在皮膚上的化學物質也都會對微生物生長的環境帶來某些影響。像是肥皂和收斂水，除了讓皮膚比較乾燥不油膩，也會洗掉微生物賴以為食的皮脂。

由於以前技術不足，過去的科學家和醫師無法全面掌握這些微生物的數量或重要性，對於微生物的作用知之甚少。但是近來隨著新的研究結果出爐，不僅揭露微生物與皮膚之間的交互作用，也動搖了長久以來人們對於好壞的認知。

關於皮膚微生物如何改變我們對自己的認識，最令人難忘的例子大概就是人類臉上的蟎蟲。

二〇一四年，一群研究人員從北卡羅萊納州四百位志願者的臉上採集樣本，放在顯微鏡底下觀察，發現這些人的臉上都住著一種叫做「蠕形蟎」（*Demodex*）的微小蟎蟲。這種屬於蛛形綱的無色小蟲一般是藏身在我們的毛孔中，身長約零點五公釐，擁有四對腿，全都位於身體的前三分之一，行走時其餘三分之二的身體就拖在後面。根據瑞士某皮膚醫學期刊對這種蟎蟲身體結構所做的說明（或許是為了回應大眾對於蠕形蟎到底在我們臉上做什麼的擔憂），不知何故，牠們「沒有肛門」。不管蠕形蟎有沒有肛門，包括我在內的許多人得知後，第一個反應就是：**老天爺，馬上把那些東西從我身上弄走**。比較正經保守的科學新聞記者下的報導標題，則是像美國公共廣播電台（NPR）網站上的這一則：「嘿，你臉上有蟎蟲，我也有。」

在人體的所有微生物當中，蠕形蟎（就我們所知）是唯一體型大到能用放大鏡看到的。大小僅次於蠕形蟎的是真菌，由於人體體溫的關係，在活人身上十分少見。再來是細菌、古菌、原蟲，還有體型小更多的病毒。所以關於蠕形蟎，真正難以解釋的問題在於：我們對牠們的了解怎麼這麼少？其實很久以前就有人發現蠕形蟎的存在；一八四一年德國有位解剖學者首先在遺體上發現這種蟎蟲，後來偶爾也在活人身上找到。雖然他有將發現記錄下來，並表示這種小蟎蟲可能有其重要性，但牠們仍幾乎被世人遺忘。

那麼，北卡羅萊納州的蟎蟲獵人怎麼會在近年發現人類身上都有蠕形蟎？

這完全要歸功於找出其他微生物的新式DNA定序技術。蠕形蟎經常躲在毛孔裡，所以很難發現。不過，如果在皮膚上尋找帶有牠們DNA的證據，就會發現每個人都有。因為有了這項技術，我們才得以開始認識蠕形蟎這個人體小夥伴——而牠們只不過是眾多人體微生物中的一種。

得知人體上有蠕形蟎存在，往往讓人很不愉快；不過根據假設，要是**沒有**牠們，恐怕更糟糕。如果某個特徵是人類百分之百都具備的，那幾乎就符合我們對於「正常」的定義。蠕形蟎之所以存在於人體上，應該是有原因的，對吧？

這項研究的共同作者米雪兒．特勞特溫（Michelle Trautwein）是加州科學院雙翅目昆蟲學（即蠅類研究）講座教授，在她眼中，蠕形蟎的存在自有其美麗之處：「牠們是人類普遍共有的一部分。」為了解開人類身上**為何**存在這些微生物之謎，特勞特溫等昆蟲生物學家正與皮膚醫學家和生態學家合作，希望釐清更多關於人體的真相。比方，人類就生物學來說並不是能自給自足的生物，需要仰賴我們體表和周圍的其他生物存活。

特勞特溫表示，蠕形蟎可能是以死掉的皮膚細胞為食；如此一來，我們皮膚上的微生物就是最「天然」的去角質產品了。這樣就代表蠕形蟎能減少我們家裡的灰塵，因為皮膚細胞占了其中的一部分。然而，如果你在藥局或 Instagram 上看到某款產品宣稱能清除臉上的蟎蟲，那仍然是很誘人的推銷用語。

雖然我們臉上都有蠕形蟎，但有證據顯示蠕形蟎若異常增殖（或是增殖引起異常反應）可能會導致皮膚病。近來有一項對四十八份研究所做的分析報告，發現蠕形蟎的密度與酒糟性皮膚炎有關聯。就像許多與微生物有關的疾病一樣，這兩者之間的關係取決於比率和環境，而非只是因為有「壞」生物入侵。蠕形蟎通常是良性的（或者說牠們做的事情是有益的），但若環境條件改變，牠們也可能變成病源（導致生病）。這有點像是很少人天生就有傷害別人的傾向，可是一旦上了戰場、受命開火，許多人會毫不猶豫地殺人。

因此，這些小蟎蟲和皮膚微生物群系中其他數以兆計的小生物正在顛覆傳統的「菌源說」（germ theory），也就是認為我們必須驅逐微生物以免生病的概念。普遍認知中的菌源說，正在被更有意思的概念取代。大部分的微生物不只無害，還對我們有助益，甚至是維持生命所必需的存在。自我與他者，與其說是對立的兩面，更像是連續光譜的兩端。

雖然胎兒是在無菌環境中發育（子宮裡沒有微生物），但新生兒誕生時就像是一塊呱呱啼哭的細菌海綿，通過產道之後馬上就會開始沾上各種微生物，幫助嬰兒維持健康並順利存活。這時，母體的細菌會開始出現在嬰兒的皮膚上，其中某些細菌終生都會存在於毛孔中，在人體遇到其他微生物而產生交互作用時發揮居中調節的功能。

從這時起，皮膚的健康完全取決於環境條件。微生物會受到上方的外在世界與下方皮膚的影響，皮膚則會受到上方的微生物與下層的身體機能影響。

關於微生物群系的研究結果，似乎已經能推翻我們對於皮膚護理方式的基本假設，而且影響遠遠超過表面所見。

舉例來說，加州大學聖地牙哥分校的皮膚醫學家理查·蓋洛（Richard Gallo）近年主持了一項研究，研究團隊將大部分人類皮膚上都有的表皮葡萄球菌（*Staphylococcus epidermidis*）塗敷在一組小鼠身上，並將另一組小鼠身上的表皮葡萄球菌全部清除掉。接著，研究團隊讓兩組小鼠進行光照，結果帶有表皮葡萄球菌的小鼠得到皮膚癌的比例較低。蓋洛推論，原因在於表皮葡萄球菌會產生6-N-羥基胺基嘌呤（6-N-hydroxyaminopurine），這種化合物似乎能鎖定腫瘤細胞，並阻止腫瘤細胞複製DNA。

這是一項早期研究，對象是小鼠身上的微生物，而不是人類身上的微生物（用紫外線光照射人類來觀察會不會致癌是違背研究倫理的），不過現在幾乎每週都有類似的研究報告出爐。這些研究結果統合起來，至少足以構成一個疑問：我們該像以往被教育的那樣，積極而無差別地清除皮膚上的細菌嗎？

要回答這個問題，得先探討現代的「乾淨」概念是如何演變而來。

II 淨化

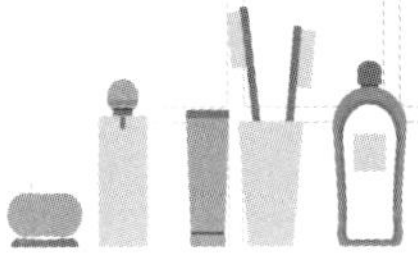

瓦兒・柯蒂斯（Val Curtis）拿出腐爛食物、蠕蟲、體液和其他類似東西的照片，展示給陌生人看，然後把對方的反應記錄下來。

這是她的工作內容。柯蒂斯是倫敦衛生與熱帶醫學院教授，在成為全球最重要的「厭惡學家」（disgustologist）過程中，她開始研究人們為何如此在乎乾不乾淨，而且往往抱持非常強烈深切的關注。

柯蒂斯的研究結果顯示，人們對於這類照片的反應極為類似，幾乎不受國家、年齡、性別和其他記錄到的變因所影響。她過濾研究中受試者對那些「汙穢黏膩、滲流蜂湧之物」的普遍反應，最後歸納出「強烈的厭惡感」這樣的結論。

在這種感受背後的是什麼？柯蒂斯採取一種消費者研究的技巧「階梯式詢問法」（laddering），用來幫人們找出深層動機。這種技巧就是像全天下的三歲小孩那樣不斷追問：為什麼、為什麼、為什麼？比方說，當你在餐廳裡問某人為什麼要點某道沙拉，對方可能會說：「因為看起來很好吃。」若你繼續追問「為什麼？」最後就會觸及我們與食物、存亡和掌控生死之間的複雜關係。階梯式詢問法適合用在第一次約會，也很適合用來做研究。以柯蒂斯的提問來說，最後得到的答案都環繞著同一個詞彙：「厭惡」。

「汙垢令人**厭惡**、糞肥令人**厭惡**、腐敗的食物令人**厭惡**，」她對我說，「我問不出更多了。」

於是，她開始研究這些東西有什麼共通之處。

柯蒂斯把辦公室變成文獻寶庫，蒐羅各種相關的研究書目和論文，她形容這裡「大量集結了各式各樣全世界人們都覺得厭惡的東西」。開始尋找共通點之後，她發現：「追根究柢，全都和疾病有關。」

比方說，掉落的毛髮可能會傳播皮癬；這或許就是為什麼一根不小心掉在餐盤裡的頭髮，會讓客人怪罪整間餐廳、再也不肯上門用餐，還要咒罵廚師全家。

研究中另一個常引起厭惡感的東西是嘔吐物，柯蒂斯表示，嘔吐物「可以傳播大約三十種不同的傳染病」。

看起來，讓我們厭惡的並不是病痛本身。如果有人罹患癌症瀕死或是心臟病發作，我們會毫不嫌惡地趕到對方身邊。不過柯蒂斯指出，血液、嘔吐物、排泄物或滲液的傷口都可能帶有致病的微生物，而人在看到這些東西時會本能地產生嫌惡感，避免被傳染疾病。

「我們在日常生活中風險最高的行為，大概就是和其他人接觸，」柯蒂斯說明，「因為其他人帶有會讓你生病的病菌。」

如此說來，厭惡是一種很有用的機制。我們藉由對他人的行為或外表產生厭惡感，保護自己免於被感染。這也是我們之所以會對自己產生厭惡，或對自己的外表感到羞恥尷尬的原因：因為有遭到社會孤立、被群體排拒的風險，促使我們設法避免引起他人的厭惡。在演化過程中，我們漸漸變得在意外表。

「如果你想跟我做朋友，就得要能看著我的眼睛聽我說話、和我握手，某種程度上還會接觸到體液，因為我們呼出的氣息可能會飄到對方身上。」柯蒂斯說道，「如果我整個人髒兮兮、皮膚上都是寄生蟲、全身都是傷口，還有怪味道，你一定會厭惡我。這樣我就沒辦法加入你的社交圈，得到人際關係帶來的好處。」

「這樣很危險，」她接著說，「人類是互助的物種，我們需要靠別人才能存活。」

生命是一場持續緊繃的拉鋸戰，一端是與他人親近的需求，另一端是保護自己免於他人傷害的需求。演化生物學家稱為「衛生行為」的清潔舉動，在動物界中十分常見。研究發現眼斑龍蝦（*Panulirus argus*）會迴避感染病毒的同類；螞蟻會清潔身體來除去會致病的真菌，並丟棄病死同胞的遺體；蜜蜂會將染病的同伴搬出蜂巢外等死。雖然看似殘酷，但這些動物並沒有高明的現代醫療系統來治療同類。

脊椎動物似乎都有衛生習慣。柯蒂斯說明，牛蛙蝌蚪會迴避感染念珠菌（*Candida*）的同類，白鮭可以偵測及避開螢光假單胞菌（*Pseudomonas fluorescens*）這種寄生蟲，蝙蝠則會清潔身體以去除寄生蟲，其他大多數的哺乳動物還有鳥類也有這樣的行為。英文有一句俗語是「別在自己的窩裡拉屎」（don't shit in your own backyard，涵義類似兔子不吃窩邊草），這句話可不光是個隱喻。鳥類就奉行這句建言，即使天氣冷得讓人不想出門時也一樣（牠們反倒會在飛過人類頭上時排泄）。其他動物則有選定的「如廁地點」，包括浣熊、獾、狐猴和其他掌握了生存之道的物種。黑猩猩有時會在交配後做出類似清潔陰莖的動作——這個點子其實還不賴，只不過無法有效避免感染目前已知的任何性病。

在自然界中，疾病迴避行為就和愛一樣普遍，甚至更普遍。就連沒有腦部、與任何情愛絕緣的線蟲，實驗也證明牠們能夠偵測並且避開致病的細菌。是無關愛恨的演化過程教會牠們這個本領，而那些無法保護自身免於生病的動物，就沒能把基因流傳下去。能夠保持良好衛生的個體存活下來、繁衍後代，以那些倒下的同類為大餐。不，是掩埋了牠們。

以學術用語來說，「衛生」專指避免生病的行為。對於人類而言，代表洗手、咳嗽和打噴嚏時掩住口鼻、包紮外傷，以及用乾淨的方式處理排泄物等等。不過，避免生病的原始本能也衍生出差別對待，並強化既有的歧視行為。柯蒂斯指出，就算是在現代，無論是跛足、顏面不對稱，還是高於或低於平均值幾個標準差的身形，異於常人的外表仍會引起演化過程中因髒汙和自我保護而產生的嫌惡感。

舉例來說，以前身體腫脹的人可能是患有絲蟲病（又稱象皮病，是因蚊子叮咬感染絲蟲，造成身體局部腫脹、皮膚變厚的疾病），因此有傳染疾病之虞。像這樣的本能或許仍會以嫌惡的形式表現出來，進而形成對於何謂正常的普遍認知。若是他人覺得你的外貌、氣味或聲音超出正常範疇太多，依然會影響社交關係，就算這些演化線索如今大多已經無關健康。

儘管慢性病已經取代傳染病成為最主要的死亡原因，我們的大腦仍然不符比例地害怕染上疫病。由於對自己和他人的厭惡混雜著那些其實與疾病無關的線索，我們往往看不清真正的威脅所在。讓自己的外表不會引人厭惡的驅力，可能就是推動現代護膚行為的基礎，只是這些行為多半遠遠超過確保自己沒有沾滿血液或糞便。

柯蒂斯表示，富裕國家絕大多數人所認為的衛生（hygiene），其實是在追求「乾淨」（cleanliness）這個抽象的概念。與衛生不同的是，「乾淨」不只是避免生病。

「大部分人購買個人衛生產品的動機，並不是因為理論上能為健康帶來益處，」她說，「而是為了提升別人的觀感，是要解決痤瘡、治好濕疹、消除皺紋、讓身上香香的——這才是大家想要的。」

人們重視外表和體香，當然是出於很複雜的原因。在文化標準和文化期待的驅使之下，許多人儘管寧可放棄這些行為，卻還是難以擺脫既有框架。職位和社會地位，決定了我們面對某些審美準則時自認有多少選擇。研究已證實，儀容打扮不僅關乎個人整體形象，也會影響收入高低，尤其女性更為明顯。每天固定抽出一些時間來打點自己，也讓整理儀容這件事情帶來一些愉悅感。

變美這件事本身，也可以是目的。有好幾位我很信任的寫作者跟我說，在這樣一本書裡面搬出查爾斯．達爾文（Charles Darwin）會顯得非常陳腔濫調，所以我們只會大略提一下這位喜歡雀鳥的十九世紀人物。雖然他生在崇尚性壓抑的年代，是個忠貞樸實的人，但是他在性擇方面的審美觀相當前衛。基本上，他認為美麗的外表之所以會成為演化特徵，是因為能為個體帶來愉悅感，而愉悅感本身就是美麗的目的。美麗不光是為了吸引配偶、繁衍後代而已。我們動物喜歡能帶來快樂的事物（即使這些事物不利於長期生存），這種喜歡的表現包括與好看但是對我們不好、無法養家活口，甚至活不久的動物交配。

個性更為拘謹的阿爾弗雷德・羅素・華萊士（Alfred Russel Wallace，演化論的「共同發想者」）反對這個理論。他認為外表之美應當是「適應」（adaptation）的結果，是為了延續物種而存在；這個論點成為好幾個世代科學教科書上的主流說法。在天擇說之下，許多關於適應作用的理論幾乎是完全奠基於男性如何讓女性成為自己的配偶，以及女性如何讓自己成為男性渴望的對象。這些理論完全沒有考慮到女性可以是自主的個體，擁有追求性愉悅的能力和興趣。

耶魯大學鳥類演化學家理查・普蘭（Richard Prum）投注他的研究生涯，試圖讓這個被埋沒已久的理論再受重視，證明美麗本身就有益處。在他所謂的「美麗會發生假說」（beauty happens hypothesis）中，普蘭假定美麗外表是隨機發生的，就跟任何演化過程一樣。某種顏色、鳴唱、大小、體型或毛皮質地開始受到異性歡迎，就只是因為能帶來愉悅感，於是這種偏好透過社交關係和遺傳因子傳承下來。雄性往往體型比雌性大，也較有侵略性，或許雄性演化成這樣不是為了要在體格上勝過其他雄性好取得交配機會，而是雌性**偏好**較高大強壯的雄性，只因為這些特徵是美麗的？

普蘭舉性高潮為例，說明給予愉悅感的能力也可以是利於生存的條件：最**享受**交配的雌性最有可能繁衍後代，而最能帶來愉悅感的雄性最有可能取得交配的機會。普蘭的論文最初遭到同儕審查的學術期刊拒絕，不過科學界終於開始接受美麗本身有其價值的概念——就算美麗未必代表比較健壯、健康或是比較能生育。

儘管生物學家花了一段時間才接受這個想法，作家童妮・摩里森（Toni Morrison）對此早已了然於心。在一九九三年《巴黎評論》（*Paris Review*）雜誌所做的訪問中，她表示：「我認為美麗絕對是必要的。我不覺得那是一種特權或放縱的行為，甚至不是追尋的目標。我認為美麗大概就像知識，換句話說，那是我們生來應得的。」

在人類歷史上的大多數時期，清潔身體都是為了宗教或儀式，與現代觀念的健康或美容無關。十五世紀時，阿茲特克人在山間開鑿出巨大的水池，用來進行淨化儀式。接生婆會在清洗嬰兒時召喚水之女神恰丘特利奎（Chalchiuhtlicue），一邊祝禱：

汝之母神恰丘特利奎降臨此地……願她接納汝！願她洗淨汝！願她除去、願她轉移，汝承襲自汝父、汝母之汙穢不潔！願她滌淨汝之心靈！願她常保汝健全、善良！願她賦予汝良好正直之品格！

就連阿茲特克人準備用來獻祭的奴隸，都會以聖水洗滌。古埃及人則會穿上神明的衣飾，為死者進行清洗儀式，好讓死者能夠前往死後的世界。

長久以來醫師在開始行醫前都要宣讀的誓詞，是出自古希臘醫生希波克拉底（Hippocrates）。他鼓勵洗澡，視洗澡為保健之道，不過他的著眼點與清除細菌毫無關係（細菌這個概念應該會讓他震驚）。對他來說，洗澡是藉由浸泡冷水與熱水，達到體液之間的平衡。他認為熱可以緩解許多病症，包括頭痛和排尿困難；冷水澡則是用於治療關節痛的處方。基本上，這些療程比較像是讓人接觸自然元素，而非根除任何病源。

古羅馬浴場就是集結這些作法的著名例子。任何階級的市民都可以在這種公共設施中與別人交流，浴場除了供人洗澡，也兼具社交和娛樂功能。許多浴場設有露天中庭讓客人運動，中庭周圍還有許多房間，裡面有熱水浴室（*caldarium*）、溫水浴室（*tepidarium*）和冷水浴室（*frigidarium*）。某些浴場裡還有娛樂場所、圖書館、賣食物和飲料的小販，以及妓女。

來到浴場的羅馬人，有時會在身上抹油按摩，並用一種形似鐮刀的器具刮除身上的汙垢或泥土。不過，古羅馬浴場若真有帶來任何衛生方面的好處，都只是出於偶然。一來，浴池裡的水絕非乾淨無菌（當代的某些著作暗示這些水來自公共水槽），而且澡客不分健康病弱，全都並肩泡在浴池裡。哲學家瑟蘇斯（Celsus）用泡澡來解決各種疑難雜症，包括腸胃炎、小膿皰和腹瀉。在沒有現代氯化系統或循環系統的情況下，這些浴池裡可能漂著一層由汙垢、汗水和油構成的浮渣，在水面上微微發亮。

這樣的景象，加上懶散氛圍與赤身裸體，使得浴場成為當代文化戰爭一觸即發的關鍵。哲學家塞內卡（Seneca）見到自己的家鄉出現浴場這種墮落設施，視之為道德淪喪的證據。早期的基督教會也不鼓勵泡澡。

耶穌那個時代的猶太律法強調以飲食和衛生方面的戒律，來維護身體的潔淨。古希伯來法律規定用餐前後必須洗手，在進入神廟之前也必須洗淨手腳。有一句猶太教祭司的格言，意思是「身體的潔淨能帶來精神的純淨」，引申出「潔淨近乎敬神」（cleanliness is next to godliness）這句英文諺語。

早期的基督徒開始擺脫帶有種種飲食戒律和限制的思想，許多人不再遵行猶太教禁吃不潔食物、行割禮及守安息日律例的嚴格律法。他們的救世主耶穌在淨化儀式這方面，相對而言算是極簡主義者。後世的藝術家在描繪耶穌時，往往把他畫得皮膚乾淨無垢、頭髮整齊滑順；不過就跟許多培養出忠實擁護者的人一樣，耶穌口頭上對於自己的外表美醜並不在意。在《馬太福音》中，他譴責那些重視宗教儀式勝於內在純潔的人：「先洗淨杯盤的裡面、好叫外面也乾淨了。」在《新約聖經》裡，他和門徒們沒有先洗手就吃飯，嚇壞了法利賽人。西元四世紀時，聖傑洛姆（Saint Jerome）更是規定：「凡是受過洗禮之人，便無需再洗澡了。」

撇除象徵性的受洗儀式，基督教對於身體清潔的態度在世界主要信仰當中算是異數，因為只有基督教沒有沐浴或衛生方面的規定。相反地，伊斯蘭教就規定每天五次祈禱前必須依照儀式洗手。由於清真寺需要清洗設備，使得阿拉伯城市必須建造精心設計的供水系統，這是歐洲沒有的。西元九二〇年代，有位穆斯林信使沿著窩瓦河旅行，他描述維京人是「真主所造最汙穢之物」，因為他們「大小便之後不洗手，性交完不洗手，吃完東西也不洗手，簡直就像不受控制的驢子。」

印度教在衛生習慣方面也設立了一些很有先見之明的規定。在西方世界出現菌源說的幾個世紀前，印度教徒就會在解便之後洗手，而且如廁時只用左手處理，吃飯則只用右手。十三世紀的義大利旅行家馬可．波羅（Marco Polo）來到印度時，對當地人喝水的講究程度大感驚訝。他納悶地記錄，每個人都有專用的水瓶，而且「沒有人會用別人的瓶子喝水，也沒有人會把瓶子靠在嘴唇上。」更讓他驚奇的是，印度人會定期洗澡。

中國也讓馬可．波羅很著迷，他在筆記中寫道：「這裡每個人一週至少會洗三次熱水澡，要是可以的話，就連冬天也會洗澡。無論貧富貴賤，每個人家裡都有浴盆可用。」這種生活習慣和他的家鄉威尼斯大相逕庭。羅馬被日後人們稱為蠻族（barbarian）的外來民族攻陷時，許多輸水道和浴場都遭到破壞；由於缺乏基礎建設，加上基督教對於衛生習慣的懷疑心態，使得中世紀成為後人口中「不洗澡的一千年」（a thousand years without a bath）。

這種情況於十四世紀中期達到高峰，當時許多歐洲人在鼠蹊部、腋窩和脖頸長出化膿的深色腫塊。喬凡尼．薄伽丘（Giovanni Boccaccio）在《十日談》（*The Decameron*）中描述這些膿瘡大如雞蛋或蘋果。長出膿瘡三天後，患者就會死亡。「黑死病」在薄伽丘的家鄉佛羅倫斯肆虐，他描寫有母親因此拋棄孩子，無論走到哪裡，空氣中都飄著屍臭。儘管人們不斷祈禱、唱聖歌遊行祈福，黑死病還是到處蔓延。三年之後，歐洲大約有將近三分之一的人口死亡。

病人身上會有腫塊，是因為鼠疫細菌入侵體內，免疫系統啟動緊急反應，使得大量免疫細胞湧入淋巴結。不過，人類要再過五百年才會了解這個作用機制。所以基督徒怪罪猶太人，認為是他們把毒素散播到每一個城市。在遭受火刑和奉耶穌之名受洗這兩個選項之間，有些猶太囚犯選擇認罪懺悔，洗淨身上所謂的罪孽。不過，其他猶太人並沒有這麼選擇。

另一個比較有學問的理論，則是將問題歸咎於三星連珠。巴黎大學的醫學專家在一三四八年公布一項報告，說明造成這麼多人死亡的原因，文中指出土星和木星不幸與火星排列成一直線，而火星是「一顆充滿暴戾之氣的行星，會滋長憤怒和戰爭」。由於當時火星逆行，「從地表和海洋吸收了許多水蒸氣，這些蒸氣混入空氣當中，使空氣中的物質腐敗」。

這種引發疾病的水蒸氣，稱為瘴氣（miasma）。雖然聽起來似乎有點類似現代對於空氣傳染和汙染的概念，但是瘴氣是造成精神性靈的汙染。巴黎的那些醫師警告，「最有可能讓這種瘟疫烙上印記的，就是那些身體濕熱的人」。同樣危險的還有「身體被邪惡體液堵塞的人，因為體內的廢棄物質無法排出體外；太常運動、太多性行為、太常洗澡，這些生活方式不良的人也是一樣。」避免這些不良行為未必就能安全，不過他們向恐慌的市民保證：「保持身體乾燥、排除體內廢物、遵循良好適當的養生之道，就不會那麼快感染疫病。」

對熱水的恐懼，無助於改善駭人的衛生條件。在亞維農（Avignon）已無半點土地可以埋葬屍體的情況下，教宗宣布將隆河（the Rhône）作為聖地，讓死者家屬可以問心無愧地將遺體拋入隆河。不過，水路的情況就不同了。帶有病原的跳蚤隨著人類的蹤跡四處散布，使得歐洲幾乎每年都有地方復發疫情，一直到十八世紀初才止歇。政府官員由於擔心浴場成為疾病傳染源，將所有浴場關閉。據作家凱瑟琳．亞森伯格（Katherine Ashenburg）描述，在充滿恐慌且不了解細菌的情況下，十六和十七世紀成為「歐洲歷史上最骯髒的時期」。

從死亡率來看，住在城市並沒有比較好。鄉村地區相對比較安全，工作機會也比較多。不過，工業革命改變了這點。在十九世紀之前，大城市的人口不過幾十萬人。沒有高樓大廈，也沒有工廠會製造如今經常籠罩洛杉磯、香港和德里等城市，成為都市象徵的霧霾。

到了一八〇一年，倫敦人口數已超越一百萬，在一八五〇年更是達到兩百萬以上，巴黎和紐約也不惶多讓。大量人口湧入都市，基礎建設卻完全跟不上。城市在短時間內人口暴增，導致環境髒亂：未經鋪面的道路在夏天時塵土飛揚，其他季節又泥濘不堪，地上到處都是馬糞，空氣也被燃煤廢氣汙染。小巷變成糞坑，供水管線則被垃圾堵塞。傳染病逐漸擴散，改變了全世界，進而產生公共衛生這個領域。

一八四〇年代，傷寒與斑疹傷寒在歐洲工業城市的貧民窟大肆流行之時，德國醫師魯道夫．維爾喬（Rudolf Virchow）發現居住環境與疾病之間有關聯。他的研究仍是受到瘴氣理論的影響，不過這個發現促使美國醫學會（American Medical Association）開始調查美國的居住環境。一八四七年，美國醫學會呼籲廁所應該要通風，才能讓致病的水蒸氣散掉。

一八五四年，約翰．史諾（John Snow）醫生追蹤倫敦爆發霍亂感染的源頭，循線找到一口井，使得髒空氣理論受到質疑。他使用詳盡的地圖、仔細查問病患，從中尋找染病者的共同習慣或接觸史。這套推理方法比夏洛克．福爾摩斯（Sherlock Holmes）還早出現，日後證明非常重要，進而孕育了現代的流行病學。儘管如此，他還是不明白水為什麼會讓人生病，他的發現也沒有受到學界重視。

事實上是水井附近的糞坑汙染了水質，讓水中孳生肉眼看不見的生物，然而這個概念在當時不僅會被斥為歪理，還會在政治上產生重大影響。若要將人類排泄物與飲用水分開，整座城市必須徹底翻修。倫敦政府並未正視史諾的發現，認為兩者並沒有真正的關聯。一直到一八八三年，史諾過世的二十年之後，德國醫師羅伯特・柯霍（Robert Koch）在顯微鏡下看到引起霍亂的微生物，才證明史諾當初的看法是對的。憑著倫敦的流行病學調查加上後續的觀察，柯霍證實遭到汙染的水確實是致病的關鍵。如果這些「病菌」可以不知不覺地溜進我們的供水系統中殺死人類，也可能會是其他大多數疾患、疫症或毛病的罪魁禍首。

這套新的「菌源說」漸漸深植於大眾的想像中，於此同時，快速的都市化與人口成長也使得傳染病的危險性升高。如何消滅疫病、預防傳染，在二十世紀初成為都市計畫的必要考量，這段時期也稱為「衛生革命」（hygiene revolution），雖不如工業革命有名，但亦是工業革命所帶來的結果。因應歐洲和美國推廣公共衛生與個人衛生觀念所需，公共衛生學成為新興的重要領域。政府也一改以往為了眼前政治利益而否定菌源說的態度，轉而積極投資於可預防傳染擴散的基礎建設。首要之務是提供無菌的飲用水、設置汙水下水道，並宣導民眾在如廁後洗手（正如世界上其他地區幾千年以來的習慣）。在這些改變出現之前，災疫不時導致滅村毀城，人們只能視之為無法避免的事情。因此，疫病可以預防在當時是相當顛覆性的觀念。

對於個人衛生的認知也迅速深植人心。一個人**乾淨與否**，成為評斷他是否危險的依據。看起來不修邊幅，會讓人覺得你可能負擔不起清洗的費用，而且住在需要把排泄物傾倒於後巷糞坑的廉價公寓，說不定就是傳染疾病的帶原者。反過來說，儀容整潔（衣服清洗乾淨、頭髮經過梳理、身上沒有髒汙）則意味著這個人很安全。雖然一個人會整理儀容未必代表有洗手習慣，身上也還是可能帶有跳蚤（這是真正的致病隱憂），但是外表已經與個人衛生掛勾在一起。

乾淨與健康、骯髒與死亡，隨著這樣的連結越來越具體，隱含其中的階級劃分概念也逐漸普遍。要讓自己看起來乾乾淨淨，需要金錢和時間。個人衛生程度的指標成為階級的代稱，人們通常認為越乾淨，地位就越高。光是避免自己的外表或氣味令人反感已經不夠了，得要讓別人覺得自己很**好聞**。這種追求乾淨的表現，逐漸成為進入某些行業和社交圈的把關機制，勞動階級開始被稱作「一群不洗澡的人」（the Great Unwashed）。住在糞坑附近的工人能否翻身，取決於能不能穿得適合那些他們想爭取的、遠離糞坑的工作，而不是靠著在糞坑附近的原有工作向上爬。

一九〇〇年代初期，曼哈頓中上階級開始在臥室內洗澡。即使是住在廉價公寓的貧困人家，也會每週把澡盆搬出來一次，裝水在廚房地上幫孩子洗澡。要這麼做，得要提著水桶上下樓好幾次，再放到燒木柴的爐子上加熱。當時的人們願意付出如此的辛勞（有些人到現在還是得這麼辛苦），只為了看起來「乾淨」。

個人衛生觀念也更明確地被當作社會工程的工具。為了阻止性病蔓延，「社會衛生」（social hygiene）運動應運而生，透過公共教育宣導試圖遏止在第一次世界大戰期間爆發流行的梅毒。這項運動使得後來的學校教育將相關知識納入學習內容，也就是性教育。在受到科學支持、以衛生教育為名的情況下，那些人們以往忌諱提起的事情有了公開談論的正當性。

類似的機制也會助長災難。由於遺傳學和傳染病學興起，讓消滅和淨化這類使用已久的詞彙，似乎理所當然地有了新用途。一八九五年，阿爾弗雷德・普洛茨（Alfred Ploetz）醫師在德國出版了《種族衛生》（*Rassenhygiene*），這本書成為接下來十年間優生學運動的根基，最後更成了納粹大屠殺的依據。純粹與淨化的概念成為孤立主義者論述的基礎，他們的基本假設在於同質性是好的，多樣性則是不自然或危險的。

對於微生物世界的恐懼與蔑視，演變成各種分化的力量，從顯而易見的種族歧視到造成壓迫的性別標準皆在其列。這種恐懼與蔑視，也被用於販售肥皂。如今擺滿藥妝店貨架的萬千種皂類產品，是在一個世紀之前、自來水和浴缸在勞動階級間普及後不久，才慢慢成為人們的日常用品。洗澡的習慣變得普遍，為肥皂創造出龐大的市場，也讓其他清潔產品展開越演越烈的軍備競賽。當窮人不再是「一群不洗澡的人」，富裕階層就需要用新的方式顯示自己才是最乾淨的人。資本主義最會推銷的就是地位；有一點地位還不錯，不過若能得到更高的地位，就更好了。

III 皂沫

布朗博士潔膚皂（Dr. Bronner's Magic Soaps）這個品牌，最初是以教會的形式起家。

這家非營利宗教組織轉變成薄荷香皂銷售商的步調十分緩慢，因此伊曼紐．布朗「博士」（Emanuel "Dr." Bronner）壓根沒想到，這個以他為名的機構有天得要放棄免稅待遇。他遭到美國國稅局（IRS）追討超過一百萬美元的欠稅，晚年破產。不過直到最後一刻，他都還在接聽及回覆每一通打進公司的電話。

布朗博士的招牌商品，是裝在透明塑膠瓶中的琥珀色液態皂，從有機商店、沃爾瑪（Walmart）量販店到許多名人的 Instagram 照片上都看得到。

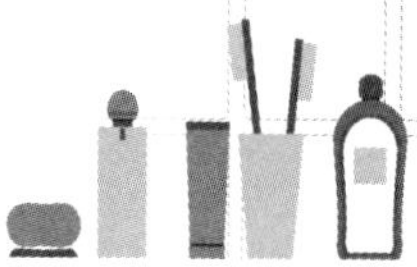

整個瓶身都貼著極富代表性的藍色標籤，上面印著許多字體很小的驚嘆句：「準備向全人類提倡眾人本一體的道德ABC！我們是一體的，不然誰也無法生存！眾人一體！眾人一體！眾人一體！」諸如此類。

這是伊曼紐．布朗要傳播的信條。他在納粹大屠殺之前逃離德國，一九五〇年代在美國各地推廣和平與團結的理念。他會在洛杉磯的街角站上肥皂箱，向路人傳揚他的信念。為了籌募宣教所需的資金，他賣起肥皂。人們不怎麼在意他講的話，卻很喜歡他的肥皂，於是布朗開始把要宣揚的內容印在肥皂標籤上。這個古怪男子的薄荷皂逐漸有了名氣，買氣大增——儘管他的原意只是把肥皂當成宣傳工具，推廣愛與團結的理念。後來布朗的孫子們重振品牌，將公司轉型，才有如今產品隨處可見的盛況；也因為這樣的品牌故事，他們認為盡可能讓標籤保持原樣很重要，就算這樣的標籤可能帶來行銷上的挑戰。

近年來，這個品牌在市面上大受歡迎，席捲小眾獨立品牌市場和大型主流通路。經過在飄著薰香的嬉皮商店裡備受冷落的半個世紀，布朗博士的產品如今醒目地展示在各大零售商店，從藥妝店、食品雜貨店到時尚潮流勝地的精品店都能看見，與高級美容產品並列展售。自從大衛．布朗（David Bronner）和兄弟麥可（Mike Bronner）接手公司之後，二十年來銷售量已經成長三十幾倍。

大衛·布朗見到我之後做的第一件事情，就是邀請我在拖車裡洗個泡泡浴——不過這並不奇怪。幾年前原本的公司總部空間不敷使用，他們便將總部搬遷到加州的維斯塔（Vista），此刻我們就站在新總部的停車場上。大衛和員工們會將這輛淋浴拖車帶到泥地障礙賽和火人祭[2]等活動場合，提供大眾淋浴使用。如今已是公司執行長的大衛早在火人祭爆紅之前就開始參加，接手公司之後，他認為這是個適合推廣品牌形象的場合。雖然火人祭不允許打廣告，也不讓企業直接贊助，布朗博士公司還是設法將精心設計的產品展示與互動式展覽結合，傳遞出這家公司的核心理念。他們贊助提供一個「安全處所」給使用迷幻藥之後狀況不佳的參與者，並安排公司內部的藝術舞團登台表演，我也有幸見到他們。

「欸，要不要來跳舞？」其中一位蓄著鬍鬚的男子問我。（印象中，每個舞團成員都留著長長的鬍鬚，不過有可能他們只是有點邋遢。我當時的記憶有點模糊，因為時間很早，而我幾乎沒什麼睡，又喝了一大杯從他們飲料桶裝的康普茶[3]。）

「不了。」我說。

顯然他們原本預期我會答應。有人打開手提音響，他們全部排成兩列。

「好吧，沒關係，那就讓我們跳舞給你看。」

於是八個大男人就在倉庫中央為我跳了一段舞。他們會注意我臉上有沒有反應，我是真的很感謝他們賣力表演，只是有人特別跳舞給我看讓我頗不自在。他們全程帶著笑容，結束時每個人都一一跟其他成員還有我擊掌。接著他們站成一圈，問我有關皮膚菌叢的事情。其中有些人告訴我他們也很少洗澡，當我談起寫這本書的想法動機時，他們一副被這些概念震撼到快要五體投地的樣子，讓我覺得自己就像第一個拿披薩給忍者龜的人類。

一間肥皂公司雇用X世代[4]的不洗澡藝術表演者，似乎有點矛盾。不過這間公司之所以能成長至此，是因為發展出強而有力的品牌，而這些表演者的存在完全呼應品牌精神。這個品牌奠基於某種平等行動主義的氛圍，使布朗博士得以掌握一些市場優勢，尤其是在對企業抱持懷疑態度的千禧世代之中。雖然他們的產品幾十年來擁有一批死忠愛用者，但直到近年才開始產生可觀的利潤。

我猜想若是在參加強悍泥人（Tough Mudder）障礙賽之後跟一群人一起沖澡，

譯註2　火人祭（Burning Man）：一年一度在美國內華達州沙漠裡舉辦九天的藝術祭，強調社區貢獻、藝術創造、自我表達、自給自足、擺脫秩序與束縛等概念，其中沒有商業活動和金錢交易，參與者必須自行準備在沙漠中生活的用品，並以自身之力為他人付出、不求回報。火人祭之名來自於活動最後一夜燒毀巨型木人的儀式。

譯註3　康普茶（kombucha）：一種發酵茶，是以茶、糖加上細菌和酵母菌的共生物一起發酵而成。

譯註4　X世代（Gen-X）：指一九六四年至一九八〇年出生的人。

應該會很有趣，但是現在只有我一個人要在停車場洗澡，旁邊還圍繞著相當肯定我會覺得很舒適的公關部員工。於是我婉拒了體驗公共浴室的邀請，跳上大衛·布朗的多功能休旅車，讓他載我繞繞園區。他另有一輛可用生質柴油當替代燃料的賓士車，不過他工作時會用這輛休旅車——他表示，能載比較多人的大車還是比較方便。

大衛·布朗領的薪水不超過最低薪資員工的五倍。他留著長髮，前額髮量稀疏，個子很高，上半身總是微微往後傾，帶有一點放蕩不羈的感覺，不過很尊重我們稱為地球的這艘母艦。有人說他像《神鬼奇航》的傑克·史派羅船長（Captain Jack Sparrow），但會讓他亢奮的東西不是酒精，而是迷幻藥。他支持迷幻藥合法化，反對毒品戰爭[5]。這樣的立場跟他的外表形象還挺吻合，但若知道他是全球成長最快的肥皂公司的繼承人暨執行長，可就很讓人吃驚了。

靠近正門時，我們看到一輛餐車停在門口，販賣包肉的墨西哥塔可餅。他翻了個白眼。大衛非常引以為傲的一點，就是他的公司提供純素餐點作為員工午餐，而且是以產地直送的在地有機食材製作。備餐的是一位認真的廚師，我去參觀廚房時他還餵我吃了一匙自製的法蘿麥[6]南瓜沙拉。

「我知道這未必適合所有人。」大衛盯著塔可餅餐車，臉上表情沒有變化，彷佛在努力設身處地思考。他停好車子之後，我們走進餐廳，經過一幅巨大壁畫，上面是他的祖父伊曼紐，也就是創始布朗博士品牌的那個「博士」——雖然他並不是真的博士，也不怎麼受到科學事實的約束。大衛和我從飲料桶裝了康普茶來喝，他試著向我介紹他的肥皂。他坦言自己幾乎不洗澡，偶爾洗澡時只清洗腋窩、鼠蹊部和腳。對他來說，經營這份事業從來不是為了賣肥皂，而是為了有個宣揚環保訴求的發聲媒介。

伊曼紐・布朗也是個認真的極簡主義者。他在著名的肥皂標籤上寫著「十八效合一」（18 in 1），因為這款產品可以讓任何人用於個人清洗和居家清潔，從洗澡、洗衣、拖地到刷牙都適用，跟其他肥皂公司努力想讓同一個顧客購買多種產品的作法完全背道而馳。布朗博士公司直到最近才開始販售牙膏和其他幾樣產品，然而大衛原本的願景是在只賣客戶所需商品的前提下追求公司成長，兩者間出現了一點牴觸。「人們想要牙膏。」他向我解釋，雖然我並不是唯一一個堅稱一滴薄荷液態皂就很好用的人。

已經有頗長一段時間，布朗博士品牌的宗教色彩讓某些人視之為新紀元的胡言

譯註5　毒品戰爭（drug war）：指執法機關與迷幻藥交易者之間的衝突。

譯註6　法蘿麥（farro）：一種古代穀物（即數百年來沒有經歷育種改良的穀物），由於營養價值高、熱量低、能提供飽足感，在歐美健康餐飲風潮下成為熱門食材。

亂語。不過要談論宗教色彩的話，布朗博士更像是回歸潔淨即敬神的根本。儘管這間公司有古怪之處，比起任何關於科學或健康的簡樸主張，布朗博士的核心理念似乎都更符合歷來大多數的乾淨典範。

世界各地的歷史上都能找到人類使用肥皂的紀錄。不過肥皂是在何時成為全球數十億人每天都會使用好幾次的產品，而且不只是因為想要使用，而是認為自己**需要**使用？

我決定去找一位據說堪稱「肥皂教父」的肥皂歷史學家。通過幾次電話之後，我受邀拜訪他和太太位於芝加哥市郊的住家。我停好車，按下門鈴，那扇三公尺半的木頭大門緩緩敞開，門內站著一位個子嬌小的白髮婦人：福爾圖娜・史匹茲（Fortuna Spitz）。她露出微笑，大喊：「路易斯！」她的丈夫，也就是肥皂教父本人，從書房緩緩走出來，招呼我進入客廳。

「坐在你面前的這兩個人，為塊狀肥皂付出的程度遠超過世界上任何人。」路易斯・史匹茲（Luis Spitz）嚴肅地說道。我沒料到會有人誇耀這種事情，不過在接下來的四小時當中，他們帶我參觀自家龐大的肥皂文物私人收藏，和我分享肥皂的歷史，我心頭的疑問也跟著煙消雲散。

路易斯和我見面時已經八十三歲，他有化學工程方面的學歷背景，因為到黛雅公司（The Dial Corporation）擔任加工相關的職務而踏入肥皂產業。他是義大利肥皂加工廠和包裝機械產業協會（Italian Manufacturers of Soap Processing Plants and Packaging Machinery）的代表，並在一九七七年擔任第一屆全球肥皂與清潔劑研討會的主席。他曾編輯過肥皂業出版的七本肥皂相關書籍，也為這些書撰稿，目前擔任多家肥皂製造商與經銷商的獨立顧問。我不知道該怎麼明確形容他現在做的事情，只能說所有跟肥皂有關的事情他都懂，可說是培養出肥皂業人才的推手。

我掃視牆面和長桌上，每一寸空間都擺滿各種廣告素材和肥皂業的重要史料，他見狀便說：「我猜你應該沒想到我有這麼多東西！」史匹茲夫婦的家，根本是圍繞著他們的肥皂收藏品建立起來的。福爾圖娜為我端來蘋果派，連盤子底下都鋪著肥皂圖案的餐墊。

參觀他們家的這個下午，我體會到販售肥皂甚至比製作肥皂更像一門藝術。其實，肥皂是最早實際運用藝術行銷的商品。在一八九三年芝加哥的世界博覽會（World's Fair）上，梨牌（Pears）肥皂公司的廣告手法就是展出一幅畫，畫作底部印有簡單樸素的「Pears」字樣，以此打響名號。史匹茲家的二樓是個藝廊，收藏著十九世紀以彩色平版印刷術印製的各種版畫，而且你絕對猜不到這些都是肥皂廣告。有幅知名度最高、最多複製品的彩色平版印刷肥皂廣告被稱為《泡泡》（Bubbles），描繪一名正在吹泡泡的捲髮小男孩。

不過隨著肥皂潮來臨，這種高尚而純真的廣告方式不再適宜。市面上充斥著各種肥皂，代表商人必須採取比較激進的方法來凸顯產品的獨特性，包括誹謗中傷同業、讓消費者產生不安全感，以及宣稱自家產品能達到其實任何肥皂都達不到的效果。這麼做有其必要性，因為事實上，大多數肥皂的化學結構幾乎是一模一樣。從定義上來說，肥皂這種產品其實沒有多少變化空間——若是差得很遠，就不符合肥皂的定義了。肥皂的基本製作方式只有高中化學的難度，而且已流傳好幾個世紀。

肥皂是由界面活性分子構成，也就是界面活性劑；所謂的界面活性劑，是油脂與水溶性鹼性化合物（鹼液）結合的產物。油脂無論是萃取自動物還是植物（如橄欖油或椰子油），成分都是三酸甘油酯。三酸甘油酯正如其名，是由三個脂肪酸分子和一個甘油分子組成。如果將三酸甘油酯與氫氧化鉀（又稱為鉀鹼）或氫氧化鈉（又稱為鹼水）等鹼性物質結合，經過加熱、加壓，脂肪酸分子就會與甘油分子分離，剩下的鉀或鈉與脂肪酸結合，肥皂就產生了。

界面活性劑是一種很簡單的分子，作用原理在於一端會與水結合，另一端則會與油脂結合——就是附著在我們皮膚上、光是用水洗不掉的油脂。比方說，如果你的衣服沾到泥巴弄髒了，只用水是洗不乾淨的；但若在水中加入含有界面活性劑的肥皂，界面活性劑分子中可與油結合的那一端（親脂端）會受到土壤中的油脂吸引，能與水結合的另一端（親水端）則會受到水吸引。兩端拉扯的力量會讓衣服上的泥巴鬆動掉落，懸浮在水中，就能洗掉了。

史匹茲表示，雖然沒有人曉得人類是何時、在什麼情況下發現肥皂的，但是關於肥皂的軼聞故事非常豐富。根據羅馬傳說，肥皂的發現地點叫做薩波山（Mount Sapo），是當地人向神明獻祭動物的地方。儀式結束後，那裡會殘餘木灰和動物脂肪，下雨時兩者便混合在一起，隨著雨水流到山下、進入河流；當地人用河水清洗衣物時，發現洗得比以往乾淨很多。「這是怎麼回事，河水被詛咒了嗎？」人們驚訝地大喊，嚇得落荒而逃。（沒有啦，他們逆推出製作方法，開始製造肥皂。）

由於肥皂的化學結構十分簡單，可以確定在很多地方都有人「發現」如何製皂，實際作法也依各地容易取得的原料而異。像是地中海一帶出產的橄欖油，可以製作出品質優良、適合經常使用的肥皂。法國馬賽（Marseilles）一躍成為肥皂工藝的重鎮，義大利薩沃納（Savona）和西班牙卡斯提亞（Castile）也興起相關產業，好幾個世紀以來，人們到當地旅遊時都會爭相購買出自名家之手的香皂。儘管肥皂的製作流程很簡單，原料也大同小異，要達到一定水準仍有門檻，一般人自製的肥皂與專業產品之間亦有明顯落差。

一直到進入十九世紀晚期，從商店買來的肥皂都還算是奢侈品（這種情況在世界上大部分地區維持得更久）。我祖父成長於印第安納州某個農場林立的小鎮，對他的父母和鄰居來說，肥皂是無論如何不會在外面購買的東西。他們會在殺豬之後自己做肥皂，先剝下豬皮切成長條狀，裝進大大的鑄鐵煉油鍋，再放到火上煮，而我祖父的任務就是顧火。豬皮上面的白色脂肪融化後，條狀的豬皮會在滾燙的豬油中捲起來轉為褐色，成為一道叫做炸豬皮（cracklings）的美味小菜，每次想起那滋味都讓他心頭湧起無限鄉愁。

煮出來的豬油在農場裡有許多用途，像是烹飪、養鍋、塗傷口、工具防鏽和潤滑物件等等。祖父說，他的母親會收集雨水，混入木灰和豬油，做成肥皂。「根據他給我的印象，他小時候並不知道肥皂可以去店裡買。」我爸爸回憶道。如果當時那座小鎮的雜貨店真的有賣肥皂，祖父應該是第一代看到商店賣肥皂的人。在經歷過經濟大蕭條之後，只要是可以自己製作的東西，他就不肯花錢買。

我們的農場裡還是有豬毛剃刀、吊勾和煉油鍋。不久以前，就在我祖父從土裡找出箭鏃的這片土地上，曾經有強盛的美洲印第安人生活過。許多部落都有在「汗屋」（sweat lodge）做潔淨儀式的習俗，這種團體儀式是在非常悶熱的小屋或帳棚裡進行，流汗是悔過與淨化過程的一環。不過這屬於精神上的淨化，比起對身體的實際清潔作用，流汗可能對改變參與者的心理狀態比較有用（藉由輕微脫水、有時甚至是嚴重脫水來達成）。至於洗澡，是在湖泊和河川裡進行。當時沒有留下什麼關於製作肥皂的紀錄，不過許多原住民族很容易取得皂百合（*Chlorogalum*）和無患子（*Sapindus*）等製皂植物。就連更早以前的阿茲特克人也懂得運用兩種有肥皂性質的植物產物，一種是斜棗（copaxocotl）的果實（髒兮兮的西班牙掠奪者稱之為「肥皂樹」，可能沒多久就想把它**殺死**），另一種是後來命名為*Saponaria americana*的肥皂草屬植物的根部。這些植物的名稱都是其來有自，它們啟動防衛機制的時候會產生皂素，而皂素和製作肥皂時會產生的物質一樣，都屬於界面活性劑。只要將這些植物或龍舌蘭、絲蘭等植物剝除表皮並磨成粉末，混入水中用力攪拌，就會產生肥皂泡。

如此製作出來的「肥皂」性質溫和，換作是在今日會大受歡迎。用無患子做出的肥皂泡，比任何早期的肥皂都更類似現代某些熱門洗潔產品，像是主打適合「敏感肌」的舒特膚（Cetaphil）。在商業肥皂的歷史上，大部分從商店買來的肥皂都不適合經常使用，因為製造肥皂的過程需要用到鹼性物質，而最便宜又容易取得的通常是鹼水。這樣做出來的產品鹼性很強，會導致皮膚乾燥，甚至灼傷。

就跟任何工具一樣，這種早期肥皂還是有其用處。如果你身上沾滿用水洗不掉的髒汙或黏稠物，就有必要用肥皂清洗。不過一直到十九世紀晚期，肥皂的主要用途都是清洗衣物。十七世紀的詹姆斯鎮[7]雖有製皂師傅，不過早期殖民地的居民多半是用剩餘的動物油脂和鹼水自己製作肥皂，而且只用於清洗非常嚴重的髒汙。經常清洗非但所費不貲，還會對衣物和皮膚造成傷害。

後來製程慢慢改良，讓肥皂變得比較好用。隨著某些製皂業者開始採用新的鹼性物質鉀鹼，用肥皂洗澡這件事也逐漸普遍起來。美國第一項核可的專利，就是草木灰的加工方式；這份只有一段內文的專利文件在一七九〇年經湯瑪斯．傑佛遜（Thomas Jefferson）批准，由喬治．華盛頓（George Washington）簽署，也產生了形塑資本主義未來的專利審查流程。

智慧財產權日後成為肥皂業的發展關鍵。在英國，肥皂因製造權受到壟斷而產量稀少，加上政府徵收肥皂稅，使得價格居高不下。最後在一八五三年，時任英國財政大臣的威廉．格萊斯頓（William Gladstone）撤銷肥皂稅，肥皂一夕之間成為平價商品，也開啟了肥皂業大舉生產的盛況，顛覆以往認為洗澡過於奢侈浪費的觀念，建立完全相反的認知：洗澡是一個人維持基本體面的必要之務。透過行銷和廣告的力量，肥皂業重新定義了健康、美麗與乾淨的概念。歐洲人長久以來對於定期洗澡的忌諱就此逆轉，在其後短短幾十年之間，**不常洗澡**反倒成了忌諱。

此刻，我正坐在一輛消防車的車頂上，繞行布朗博士的公司總部。因為公司規模變大，他們特別照規定提醒我抓好。

這輛消防車的裝備不是用來灑水，而是用來噴灑泡沫。就和淋浴拖車一樣，他們會將這輛消防車帶到各種節慶場合，平時則停放在總部周圍，作為品牌體驗的一環。這輛車大聲播放著音樂，在位處市郊的辦公園區顯得特別格格不入。宣傳人員身著鮮豔的紅藍連身服，令人聯想到奧柏倫柏人[8]。不過，來到裝卸貨區就又回到了現實，這裡有好幾輛油罐車正在輸油，油罐內的油品大多遠從迦納運來。

譯註7　詹姆斯鎮（Jamestown）：英國在美洲建立的第一個永久殖民地。

譯註8　奧柏倫柏人（Oompa Loompas）：《查理與巧克力工廠》（*Charlie and the Chocolate Factory*）中在工廠工作的小矮人。

穿過高聳的車庫門，裡面是產線區，這裡和總部其他區域活潑時髦的氛圍形成鮮明對比：巨大的不鏽鋼高壓皂化槽聳立其中，嶄新而充滿工業感。這裡還有一區專門放置將近十公尺高的香料儲存槽，顏色對應布朗博士各款產品的標籤顏色。有個塑膠罐上面標示著「檸檬酸」（有防腐作用的添加物），高度比我還要高。產線區的最中央，也就是進行皂化反應的地方，稱為反應爐。那是個容量一千五百加侖的儲槽，頂端開口是以轉動十二個獨立的閥栓和舵盤關緊固定。這個巨型容器連接著兩個同樣龐大的水槽，分別裝有熱水和冷水，還有一個緊急洩壓閥，會將液體排放至有如龐然巨物的「緊急收集槽」。裡面的溫度高達好幾千度，而且顯然有發生大規模爆炸的可能性。我從外梯爬上反應爐頂端，有幾位技術人員在那裡，他們告訴我要小心別掉下去，隨後笑了起來。我眼前頓時閃過可怕的死亡場景。

所有肥皂的成分與作用，基本原理都一樣。除了香味和顏色以外，不同肥皂的差異主要來自選用的脂肪類型，差別在於脂肪是取自哪一種植物或動物。所有脂肪都含有一個碳分子鏈，有些脂肪所結合的氫原子已達到飽和（即飽和脂肪），有些仍有可與氫結合的空位（即不飽和脂肪）。這兩種脂肪都很有用，而大部分的肥皂中兩種脂肪都有。一般認為以不飽和脂肪製成的肥皂比較能有效洗淨，但是洗後會覺得比較乾燥。成分中飽和脂肪比例較高的肥皂，則可以產生較多泡沫。

布朗博士的特色是只選用有機植物油。商品標籤上面更進一步說明，肥皂原料皆依照道德原則採購，採行公平貿易，不使用基因改造（GMO）作物。在寫這本書之前，我從來沒想過這些名詞居然會被認真地用在肥皂上。不過，最常用於做肥皂的油是棕櫚油，而生產棕櫚油正是導致許多赤道國家森林濫伐的主因。綠色和平（Greenpeace）等環保倡議團體經常發聲，呼籲大眾重視消費性產品採用棕櫚油對環境造成的衝擊。國際特赦組織（Amnesty International）等機構也指出，買賣棕櫚油的肥皂公司疑似有雇用童工等侵犯人權的情事。國際特赦組織已疾呼聯合利華（Unilever）、高露潔－棕欖（Colgate-Palmolive）和寶僑（Procter and Gamble）等公司，在採購棕櫚油時應遵循該組織所謂的生產倫理，並呼籲消費者支持有公平貿易認證的產品。（某些公司已宣布會有所改變，不過大部分的主流產品仍不符合倡議者的標準。）

這是大衛．布朗面臨的首要問題。他每年進口數千加侖的棕櫚油，堅持向公平貿易農場採購；布朗博士公司也持續投資永續農法，尤其是在迦納。不過，整個流程還遠遠稱不上理想。這些公平貿易的棕櫚油要從迦納空運到阿姆斯特丹進行精煉，再送到加州製成液態皂（最後還要裝在塑膠瓶裡運到世界各地）；這個過程中產生的碳足跡，正如該公司營運長麥可．邁拉姆（Michael Milam）在我問起時所言，有如「房間裡的大象」。

大部分肥皂工廠的製造流程都差不多。皂化和乾燥都是在一部巨大機器（製皂反應爐）中完成，全程都可以由電腦控制。布朗博士的工廠內有個黑板大小的LED螢幕，上面是整個樓層的格狀平面圖，顯示著每個桶子的存量、溫度及壓力。在我注視反應器的同時，一罐罐圓瓶落到輸送帶上，機器逐一在瓶中注入金黃色的液體、裝上瓶蓋，然後迅速在瓶身貼上標籤。用人力進行的工作是檢查瓶子是否有瑕疵，以及排除機器卡住的問題。

塊狀肥皂在他們的業務中，只占了一小部分。在工廠的另一端，機器正不斷擠出又熱又黏的固態物體、削切成一塊塊，再壓印商標；這個流程稱為最後加工（finishing）。我從機器上拿起一塊還熱呼呼的肥皂，就跟橡膠一樣容易彎折。有些規模較小的公司會大量購買這種麵條狀或藥丸狀的「原始」肥皂，再添加香料、染色、塑形並包裝，利潤十分可觀。

堅持只用世界上某個地方的油製成的肥皂商品或許算是奢侈品，不過如今已成為數十億人都能負擔的享受。儘管很少有人會考慮到運輸成本或原料來源，但是這兩者始終是影響成本與供應量的主要因素。除了醫療或公衛需求之外，在十九世紀催生肥皂潮的因素還有肉品加工業。史匹茲夫婦住在芝加哥，是因為當地在歷史上是肥皂銷售重鎮，他們形容為「世界肥皂之都」。我在芝加哥長大，我知道經過化製廠附近時，聞起來就像有個鬼怪衝進鼻腔裡，開始啃噬你的靈魂。

當時芝加哥的畜牧場開始出現越來越多無用而要丟棄的豬油，年輕的企業家們注意到其中潛藏的商機。別人看起來是一堆堆快要腐敗的動物油脂，在他們眼中卻是實現美國夢的契機。他們紛紛來到芝加哥投入製皂產業，就像一八四九年的淘金客湧入加州尋找黃金，或是如今的科技企業家前往矽谷追尋……某些東西。

小威廉・瑞格利（William Wrigley Jr.）是早期的「肥皂業者」之一，他在一八九一年到芝加哥來販售他父親在費城製作的肥皂。為了提升買氣，他開始附送泡打粉和口香糖等贈品，沒想到口香糖比肥皂更受歡迎。一八九五年，瑞格利將品牌商標從拿著塊狀肥皂的女孩改為「Juicy Fruit」[9]的字樣，還寫著「口香糖製造商」。不過，要不是他當初賣肥皂而有了日後發展，芝加哥地標瑞格利大樓（Wrigley Building，又稱箭牌大樓）和長久以來流傳詛咒傳聞的瑞格利球場（Wrigley Field）也不會以他的品牌命名了。

也是有比較成功的肥皂業者，例如詹姆斯・柯克（James Kirk）。他在芝加

譯註9　Juicy Fruit：台灣多稱為「黃箭」。

哥河河口附近蓋了一間五層樓的工廠，外牆高掛著廣告，宣傳工廠出品的四款肥皂：「日本玫瑰」（Jap Rose）、「白色俄羅斯」（White Russian）、「稚嫩青春」（Juvenile）和「美國家庭」（American Family）。史匹茲說明，這就是依照客群建立產品區隔的早期實例：不是只賣一種肥皂，而是運用行銷手法和包裝來販售四款肥皂，讓消費者覺得這些產品各是針對不同的對象和用途。芝加哥肥皂業者納撒尼爾・凱洛格・費爾班克（Nathaniel Kellogg Fairbank）最初購買煉製廠並開始製造肥皂，只是為了避免浪費多餘的豬油，不過他將這種銷售手法提升到另一個層次。他採取散彈式的品牌策略，打造出好幾個看起來有如藥頭暗語的品牌名稱：喀普科（Copco）、克拉蕾特（Clarette）、芝加哥家庭（Chicago Family）、艾芙蕾特（Ivorette）、吉祥物（Mascot）、聖誕老人（Santa Claus）、金粉（Gold Dust）、小仙子（Fairy），還有凡夫俗子（Tom, Dick and Harry）。

要讓這些產品有所區隔，就是靠行銷。費爾班克出版了一套叫做《童話故事》（Fairy Tales）的小冊子，裡面收錄詩歌和無傷大雅的文字遊戲，像是「買塊肥皂只要五美分，就能享受不平凡的香氛——小仙子香皂讓你香噴噴！」

梨牌公司也加入出版行列，自行印製並散發《梨牌年刊》（Pears' Annual）雜誌，內容包含真正的文學作品，例如查爾斯・狄更斯（Charles Dickens）所寫的

《聖誕頌歌》（*A Christmas Carol*），內頁則穿插梨牌肥皂的廣告，像是明信片大小、一翻開雜誌就會掉出來的廣告插頁——這種煩人的廣告方式正是從那麼久以前一直延續到現在。

肥皂業的出版現象，最終讓資訊與廣告之間的界線變得十分模糊。例如寶僑公司在一九〇六年出版《如何養育寶寶：母親育兒手冊》（*How to Bring Up a Baby: A Hand Book for Mothers*），之後持續發行了二十年。書中內容來自護士的育兒觀念，提供關於照顧小孩及避免嬰兒死亡的重要知識，並穿插使用Ivory香皂的訣竅。這就是如今「贊助內容」的前身，後來成為肥皂業的一大特點，也是現在網紅和許多數位媒體公司仰賴的營利模式之雛形。

在肥皂潮期間如雨後春筍般出現的眾多企業家當中，有一對兄弟積極為新款的塊狀肥皂打出名號，並且靠著巧妙的行銷方法和媒體策略脫穎而出，那就是利華兄弟。他們創立的公司，日後成了全球規模最大的肥皂經銷商。公司成立時原以利華兄弟（Lever Brothers）為名，也就是現在聯合利華的前身。利華兄弟成功的祕訣不在於創新的製皂工藝，而是單刀直入的品牌策略：他們把肥皂賣得像是能救你一命的保健產品。

詹姆斯・利華（James Lever）的哥哥威廉（William Lever）生於一八五一年，

外界將他們事業上的成功都歸功於威廉，但實質上公司是兄弟兩人共同創始的。威廉．利華十六歲時開始到父親在英格蘭蘭開夏郡（Lancashire）經營的雜貨店幫忙，他的工作就是切肥皂和包肥皂。當時，想買肥皂的客人都要請老闆從咖啡色的巨大板狀肥皂上切一大塊下來，按公斤數計價。這種肥皂的性質，介於具有腐蝕性的鹼水製手工皂和昂貴奢侈的卡斯提亞沐浴皂之間，可以用於皮膚上（至少偶爾使用沒關係），而當時某些人也開始有定期沐浴的習慣。

後來利華接手經營雜貨店，三十三歲時已經變得相當富裕。他開始覺得倦怠，認為自己已探索過這個行業的所有極限，但他還想要在事業上有所成長。當時工業革命方興未艾，都市蓬勃發展，利華看出城市生活所面臨的挑戰正是創造需求的契機。新的「中產階級」出現，他們有工作收入、受過足夠教育，重視正在興起的保健及衛生觀念。隨著城市裡築起一棟棟擋住陽光的高樓、蓋出一座座令天空布滿黑煙的工廠，他的心思回到了肥皂上。可以想見，這種產品能夠打入每一個家庭。

一八八四年，利華註冊了「Sunlight」（陽光）這個商標。他採用創新的作法，將每一塊新產品都用仿羊皮紙包起來，外面印著鮮明的品牌名稱「Sunlight」。一開始，利華甚至不是自行生產肥皂，而是外包給其他製造商。他負責經營品牌和銷售，對此非常投入。

「與其說利華做了很多廣告，不如說他到處畫上自己的品牌。」史匹茲這樣描述。利華委託知名的插畫家設計廣告，將Sunlight的看板掛在火車站裡，在城裡四處張貼彩色海報，發行《陽光年鑑》（*Sunlight Almanac*）報刊，還到處發放品牌相關的拼圖、手冊以及《陽光年誌》（*Sunlight Year Book*），該書不乏有助保健的建議（祕訣就是多多使用Sunlight肥皂）。

這些方法全都奏效了。Sunlight肥皂的市場需求激增，利華的外包產能很快就不足以應付，於是他開設了肥皂廠。在設廠的過程中，他也把握機會實踐自己的遠大抱負。他為工人建造住屋，最後在與利物浦（Liverpool）一河之隔的對岸打造出一整座城鎮，取名為陽光港（Port Sunlight）。陽光港在一八八九年啟用，很快就成為世界上規模最大的肥皂生產設施。利華對陽光港的規劃有如烏托邦，他想在這裡推行他所謂「共享繁榮」（prosperity sharing）的商業模式。他以製皂事業為中心，為員工提供負擔得起的住房和關係緊密的社區，認為可以藉此將員工的向心力和生產力提升到最高——彷彿預見日後會出現像Google和Facebook這樣囊括各種機能的企業園區，設施完善到讓離職像是個……嗯，不太明智的選擇。

在肥皂變得普及的過程中，機械化是個不可或缺的要素。一九〇四年在聖路易斯（St. Louis）舉辦的世界博覽會上，有一款新型研皂機亮相，後來被高露潔公司

（Colgate & Company）買下，用於提高生產效率。該公司推出高級香皂「喀什米爾花束」（Cashmere Bouquet）時，就宣傳這款商品是「研磨皂」，以示有別於其他產品。有則刊登在雜誌《淑女居家誌》（*Ladies' Home Journal*）上的廣告說明，這款香皂「經過『重度研磨』，也就是經過特殊的壓製和乾燥處理，讓每一塊香皂都有如大理石般堅硬，絕不軟糊。就是這樣特有的硬度，讓這款香皂安全無比」以及「每日使用，可使肌膚幼嫩細緻。」

像這樣把以前的肥皂視為不安全的看法，其實毫無根據。研皂機是用來精製肥皂、使其質地均勻，不過這跟「特殊的壓製和乾燥處理」一點關係也沒有。史匹茲說明，根本沒有什麼「輕度」或「重度」的研磨，這些詞彙從頭到尾都是空泛的行銷話術；不過就算到了現在，肥皂包裝上還是會出現「重度研磨」、「法式研磨」或「三重研磨」等字眼，因為很多消費者只要看到包裝上有一些看起來很講究的用詞，就認為應該是好東西。

比起任何推廣洗手的宣傳，真正有效提高肥皂使用量的，是一九一〇年代的自動化肥皂壓製機與包裝機。這些機器不但讓塊狀肥皂的形狀更一致、包裝更統一，也讓肥皂的生產成本變得更便宜。不同於現代人喜歡「少量生產」和「手工精製」的產品，在當時，產品一致而穩定反倒是個賣點。

大量製造使得塊狀肥皂的成本下降，擴大了消費族群。同時，大規模生產也提高了這個行業的初始門檻：要購齊所有設備並聘用大量人力，意味著不是每個人都能輕易踏入這個行業。為了占有規模優勢，許多公司開始進行合併，成為如今的國際集團。因此利華兄弟公司在一九二九年與荷蘭的聯合瑪琪琳公司（Margarine Union）合併，成為聯合利華。

市面上充斥眾多肥皂產品，製造商必須更努力凸顯產品與眾不同——不但要和競爭對手互別苗頭，還得要跟自家的舊有產品線有所區隔。這種情況，使得肥皂的外包裝變得越來越針對特定的用途或成效。比方說，有些肥皂是用於**美容**，有些肥皂是用於**保健**，或是把肥皂分成女用、男用、兒童用、犬用、不同膚質適用……這些想法與其說是科學革新帶來的產物，不如說是高明行銷手法的成果。

肥皂史上有一個傳奇色彩最濃的日子，不過這一天可能從來沒有真的發生過。傳言是這樣的：一八七九年的某天早晨，在威廉・普克特（William Procter）和詹姆斯・甘布爾（James Gamble）開設的寶僑肥皂工廠裡，有一位操作員去午休時忘了關掉肥皂攪拌機。結果，攪拌出來的混合物比往常更蓬鬆輕盈。寶僑公司沒有理由浪費掉還可以使用的產品，於是以能漂浮的特點將這款肥皂當作新產品上市。

雖然傳言如此，但是到了二〇〇四年，該公司有位檔案保管員發現早在傳聞中意外發生時間點的幾年前，甘布爾的兒子就已在筆記本上寫下：「我今天做出了會漂浮的肥皂，我想以後我們所有產品都會做成這樣。」無論事實為何，這款純白的新肥皂深得顧客喜愛。由於它能漂浮，在洗手台上使用時不容易弄丟。這個「意外」發明的產物賣得非常好，使得寶僑公司決定開始正式生產。

這可能也是產品比品牌策略更早出現的少數特例之一。據說威廉．普克特的兒子哈利（Harley Procter）為這款產品想名字時傷透腦筋，某天他在教堂讀聖經，腦中突然靈光乍現。他看到《詩篇》第四十五篇第八節寫著：「你的衣服都有沒藥、沉香、肉桂的香氣；象牙宮中有絲弦樂器的聲音使你歡喜。」

隔天，他就為這款肥皂「施洗」，命名為：Ivory（象牙）。

相較於他牌肥皂以乾淨清潔來暗指純淨與聖潔，Ivory 是直接汲取聖經文句。基於呼應這個主題，寶僑公司決定在廣告上宣傳這款商品是「純粹」的肥皂。為了將 Ivory 的純度量化，寶僑可說是不遺餘力。他們委託五間大學和獨立實驗室，比較 Ivory 香皂與當時公認是純度指標的卡斯提亞皂（很多人現在還是這樣認為，像布朗博士招牌商品的宣傳文句就寫著「純卡斯提亞皂」）。分析結果顯示，Ivory香皂僅含百分之零點一一的游離鹼、百分之零點二八的碳酸鹽，以及百分之零點一七的礦物質。寶僑公司於是用一百減去這些數值的總和，開始廣告宣傳這款肥皂「純度達百分之九十九點四四」，儘管事實上其他肥皂幾乎都可以達到差不多的數值，而且礦物質和碳酸鹽的含量更高也未必就不好。有宗教與理想主義的色彩渲染，加上白色香皂在美國戰後重建時期產生的吸引力，使得Ivory的銷售量一飛沖天。

相較於某些競爭對手的行銷手法，這個訊息還算是隱晦的。芝加哥費爾班克肥皂公司（Fairbank）最有名的產品叫做金沙去汙粉（Gold Dust Washing Powder），廣告插圖上畫著「金沙雙胞胎」小金（Goldie）和小沙（Dustie），這兩個小孩皮膚黝黑，體格像大人般健壯，笑容鮮明潔白，嘴唇厚得誇張，形象經常是坐在臉盆裡或是在做家事。他們成了費爾班克公司的象徵，在雜誌上經常可以看到鼓吹「讓金沙雙胞胎為你代勞」的廣告，大有向奴隸制度致敬之意。金沙去汙粉極為熱門，吸引利華兄弟公司取得全美經銷授權，最後更在一九三〇年代買下該品牌。（基於很明顯的原因，這個品牌現已停產。不過就在我行文至此時，eBay網站上有一塊寫著「讓金沙雙胞胎為你代勞」的金屬牌，開價三千兩百四十九點九五美元。）還有其他廣告將乾淨雙手與種族優勢連結到同一個產品。一八九九年時有個梨牌肥皂的廣告，描繪一位海軍軍官在乾淨光潔的浴室裡洗手，圖片外圈的背景則是殖民地的景象。「要減輕白種人的負擔[10]，第一步就是教育人們清潔的好處。」廣告上這樣寫著，「在文明進步的同時，梨牌香皂能有效照亮地球上的黑暗角落。」

帶有種族歧視的比喻也出現在 Ivory 後來的廣告中，而且更為露骨。一九二〇年代，有份宣傳品描述幾個白人小孩偶然來到一座「野蠻人的村落」，村裡有茅草蓋的小屋以及黑皮膚的原住民，這些人「認為髒兮兮**沒有錯**／還會把汙物塗抹在身上。」於是小英雄們為這些原住民用力擦洗，「直到全村聞起來都像象牙（Ivory）和雨水。」

為了更順應時勢，寶僑公司選擇用一名嬰兒當這項產品的吉祥物，後來被稱為「Ivory 寶寶」（Ivory Baby）。廣告標語不僅圍繞著嬰兒這個主題，還開始轉向醫療路線：「健康純淨的肥皂：適合美麗肌膚的單純配方」、「想要和嬰兒一樣潔淨滑嫩的肌膚，就用嬰兒的美容護理產品：Ivory 香皂」、「讓美麗持續每一刻！醫師推薦，肌膚就交給 Ivory 護理」、「千萬名嬰兒使用的美容護理產品」。

儘管這些文宣拙劣又沒道理，但哈利．普克特的終極成就（也是他最讓人難忘的成就）就是將他最受歡迎的兩個廣告宣傳結合在一起，成為史匹茲口中歷來最成功的行銷標語：「百分之九十九點四四純淨配方，漂浮不沉水。」

這個標語影響力龐大，而且獨樹一幟。相較於當時玩弄文字遊戲和晦澀比喻的其他廣告，它顯得優雅許多。寶僑公司從三人編組的廣告團隊搖身一變，成為囊括眾多品牌的企業巨獸。一八九〇年，寶僑公司的利潤約達五十萬美元左右，二〇一七年更超越一百五十億美元。

在漂浮肥皂的風潮席捲全美之時，位於密爾瓦基（Milwaukee）的B・J・強森肥皂公司（B. J. Johnson Soap Company）設法打入這塊新穎的市場。由於他們的肥皂是以棕櫚油和橄欖油製成，該公司便結合這兩種油的名稱，將新產品命名為：棕欖（Palmolive）。這款產品上市十年後，在一九一一年出現了銷售上的突破；當時有位文案寫手在公司會議上表示，他聽聞傳說中的埃及豔后克麗奧佩脫拉（Cleopatra）很喜歡用這兩種油保養。

若要說克麗奧佩脫拉有什麼出名的美容習慣，那應該是用乳品泡澡。有許多紀錄顯示她用的是驢奶，相傳驢奶有特殊的抗老功效。古羅馬護膚大師老普林尼（Pliny the Elder）就曾寫道：「人們普遍認為，驢奶能消除臉部皺紋、讓膚質更細

譯註10　白種人的負擔：出自英國詩人吉卜林（Rudyard Kipling）的詩作〈白種人的負擔〉（The White Man's Burden），內容闡述白人有責任教化野蠻落後地區的族群，許多人解讀為歐洲中心主義和文化帝國主義的體現。

緻，還有保持皮膚白皙的作用。」

儘管如此，公司還是決定要將克麗奧佩脫拉那歷久不衰的華貴形象運用在廣告中，這個行銷策略讓棕欖香皂一舉超越 Ivory，成為世界上最暢銷的肥皂。由於棕欖這個品牌大為成功，讓位於密爾瓦基的原製造商在一九二八年決定與規模更大的肥皂公司高露潔合併。合併後組成的新公司高露潔 - 棕欖，在廣告上出手更加闊綽。在《淑女居家誌》和《女人居家良伴》（*Woman's Home Companion*）等雜誌上都能看到該公司的廣告，插畫皆是出自知名藝術家之手。克麗奧佩脫拉最終變成了普通的美女：棕欖女孩（Palmolive Girl）。

美麗與肥皂這兩件事情，隨著一九二四年出現的一句標語徹底結合在一起：「保持女學生般的膚質」。在那個年代，女性幾乎沒有機會接受高等教育，因此所謂的女學生絕非攝取一大堆咖啡因的女研究生。棕欖這句廣告標語，意指恢復童顏的潔淨與純粹——這也是個不可能達到的標準。

到了一九六〇年代，廣告中隱含的訊息變得更為積極，也沒以前那麼講究巧妙：「最新消息！棕欖歐陸護膚產品能讓妳看起來更年輕。」雖然他牌肥皂也宣稱有醫療保健功效，棕欖卻是第一個找醫師背書的品牌。有則一九四三年的廣告寫著：「醫生證明，三分之二的女性能在十四天內讓肌膚更加美麗。」言下之意就是：「只要使用棕欖香皂，『妳』就可以在十四天內獲得更誘人的美肌，有醫生為證！」

當然，對於「誘人美肌」這種東西，醫生無法「證明」什麼，不過事實為何並不重要。明確的時間範圍，加上有所節制的承諾（僅對三分之二的女性有效），創造出一種可靠感，這是宣稱「每個人使用都會立即見效」反而無法達到的。由於棕欖香皂極度成功，讓高露潔－棕欖公司發展為價值高達一百五十五億美元的企業。

寶僑公司在同一時期的熱門潤膚皂Camay則是首開先例，請來背書的不但是醫師，還是皮膚科醫師。他們在一九二八年推出的一則廣告這樣說明：「有史以來，美國最權威的皮膚科醫師第一次認可潤膚皂的科學功效。」下面特別用不帶諷刺的語調詳細解釋「什麼是皮膚科醫師？」

肥皂業創立了「品牌管理」的基本原則：同一家公司旗下的不同品牌，即使產品非常相似，也要像獨立事業那樣經營。儘管寶僑公司已經擁有銷售第一的潤膚皂Ivory，為了在美容保養領域更積極地與麗仕（Lux）及棕欖競爭，該公司在一九二三年又推出Camay這個品牌。剛開始，Camay的銷售非常慘淡。有位文案寫手指出，由於擔心真的出現內部競爭，使得Camay團隊裹足不前。於是寶僑公司以實驗的方式，讓Camay的行銷人員把Ivory當作對手，而非朋友。結果，儘管市場上有Ivory存在，Camay還是成為了「美女的香皂」。

這種手法如今仍然是商學院課堂上的教學內容，也解釋了為什麼寶僑旗下光是衣物洗潔產品就有十個難以辨別的品牌（Gain、Ace、Era、Downy、Dreft、Cheer、Bounce、Tide汰漬、Rindex和Ariel）。在各憑本事的情況下，這些肥皂品牌開始互相攻訐，並宣稱自家產品才是唯一安全的肥皂。Camay的行銷人員更是走向極端，根本是引進了產品清洗的概念：他們暗示其他品牌全都是有毒或無法信賴的。有則全版廣告是一名年輕女子穿著新娘禮服，要女人們「用嬌嫩肌膚迎接浪漫戀情！馬上開始使用Camay溫和香皂！」廣告鼓勵女人購買三塊（文宣中使用的「塊」字是與蛋糕同字的「cake」）Camay香皂，持續使用三十天，「別讓任何他牌肥皂接觸妳的肌膚」。

這個廣告只差沒直接寫出「Ivory會讓妳嫁不出去」，不過意思已經很明顯了。即使是在同一家公司裡，賣肥皂也跟戰爭相去不遠。

陽光港如今已成為博物館。在將近一百年的歲月裡，村內九百棟房屋住的全都是利華兄弟公司（以及後來的聯合利華）員工。一九八〇年代，這些房屋開始銷售給私人，雖然聯合利華仍保留當地的「個人護理產品」研究設施，這間曾為肥皂帝國的公司已經轉變為洗髮精、體香劑和Axe香體噴霧等產品的主要製造商。

過去十年間，塊狀肥皂的市場銷量一直在減少。美國有線電視新聞網（CNN）曾報導過這個衰退趨勢，提到不少年輕人覺得塊狀肥皂「不乾淨」。史匹茲則認為原因在於「沐浴乳」和液態皂的興起，他在描述這些東西時流露出明顯的厭惡。除了使用塑膠瓶比較浪費（與許多用紙包裝的塊狀肥皂相比），液態皂也比較重，運送過程缺乏環境效率。此外，很多液態皂根本不是肥皂，而是清潔劑；這類人工合成的化合物是美軍在第二次世界大戰期間因應豬油短缺而開發的，能產生類似肥皂的作用。

在消費者眼中，這個區別可能無關緊要，但對於手工皂業者或整個肥皂業來說非同小可。自肥皂產業誕生以來，清潔劑是清潔領域中影響最為深遠的技術發展。清潔劑大多是用石油製成，這代表即使在無法取得動物脂肪或優質植物油的地方，也能製造清潔劑。清潔劑配方的變化空間比肥皂更大，因此在衣物洗滌和碗盤清潔用途上更有優勢。大多數的洗髮精、沐浴乳和液態皂都含有清潔劑成分。

肥皂產業在內部競爭之中奠基茁壯，也是其成功的關鍵所在，但這樣的競爭同樣使得肥皂業逐漸削弱自身的核心訊息，也就是「肥皂產品是必需品」。為了凸顯自己的產品與眾不同，還要每年拓展新的產品線，肥皂公司必須讓消費者相信光有肥皂還不夠——或者說，還需要用更多產品來消除肥皂的效果。比方說，只使用洗髮精會讓頭髮乾澀脆弱，所以你還需要潤髮乳。肥皂會讓你的皮膚乾澀脆弱，所以你還需要潤膚乳液或保濕乳霜。

這個趨勢在一九五七年出現了重大轉折。為了從眾多競爭者中脫穎而出，利華兄弟公司推出一款叫做多芬（Dove）的產品，廣告標語是「看起來像肥皂，用起來像肥皂——但不是肥皂」和「多芬不會像肥皂那樣讓肌膚乾澀」。

多芬確實不是肥皂——至少不是「純」肥皂。當時（現在亦然）多芬的成分含有一種潤膚乳霜，也就是保濕劑，這會降低洗潔皂的作用，不過也比較不會讓肌膚乾澀。也就是說，這款產品的使用效果變得近似於什麼都沒用。加入潤膚劑也使得這款肥皂的酸鹼值降至中性，所以它不會像一般肥皂那樣讓偏酸性的皮膚表層變得乾燥。

雖然當時可能沒有人意識到，但是這款產品在消費者心中埋下了某種想法的種子：肥皂未必是好的，或者未必能滿足需求。想追求乾淨這種難以捉摸的概念，除了肥皂和水，世界上還有太多東西可以用在皮膚上。肥皂商施加在自己身上的這種緊箍咒，隨著時間累積，將催生今日獨立品牌的反叛，以及名為護膚產業的龐大帝國。

不過，能夠動搖肥皂優越地位的，莫過於不斷變化的媒體。打從一開始，肥皂業的成功關鍵就是掌握任何新興的媒體平台。美國第一個商業廣播電台在一九二〇年開張，報導沃倫·哈定（Warren Harding）總統的選情，隔年就出現數百個廣播電台。經營者明白，這份事業少不了節目贊助：要讓那些會說話的盒子進入每個人的家裡，讓產品廣告縈繞在他們耳邊。

結果顯示，人們很想聽這些東西。很快地，每個家庭都習慣晚間聚集在客廳的收音機旁。當電台想找廣告主時，首選就是蓬勃發展中的肥皂公司，他們正急於強化需求，將產品塑造為健康講究的生活型態中不可或缺的一環。不過，肥皂公司不只是放送廣告，還改變了電台這個媒體本身。

肥皂產業運用焦點團體研究法，判斷目標客群（家庭主婦，也就是生活用品的主要購買者）喜歡從廣播獲得娛樂，而不是被廣播指示要做什麼。一九二七年，高露潔-棕欖贊助製作了音樂劇節目《棕欖時光》（*The Palmolive Hour*），其中會不時穿插肥皂推銷用語。這個節目相當成功，因此Super Suds速溶洗潔粒（Fast Dissolving Soap Beads）接著贊助了《克拉拉、露露與艾瑪》（*Clara, Lu, 'n Em*），讓三位「八卦主婦」週間每晚在廣播節目上閒聊一些容易引起共鳴的話題。除了為目標客群提供適當的娛樂，三個女人也可以很自然地提及高露潔－棕欖的產品。這個節目非常受歡迎，後來還成為電台廣播網的第一個日間連續劇。

不甘落後的寶僑公司也在一九三三年與聽眾空中相會，透過《Oxydol 的瑪．柏金斯》（*Oxydol's Own Ma Perkins*）推銷 Oxydol 洗衣粉。主角瑪．柏金斯是一位經濟拮据的寡婦，正是那種沒有時間精力去為洗衣服傷腦筋的女性，幸好有種清潔產品讓她的生活不致一團混亂，那就是 Oxydol。雖然這個節目在藝術方面沒什麼企圖心，內容資訊不算豐富，情節也稱不上曲折精采或趣味橫生，還是在廣播上持續播出了二十七個年頭。由此可見，它符合美國優秀廣播節目的標準：廣告賣得好。

利華兄弟公司和其他肥皂商製作了許多同樣長壽、簡單、擁有忠誠聽眾的節目，這類節目最後就被稱為肥皂劇（soap opera）。其中最長壽的節目是《指路明燈》（*The Guiding Light*），最早是在一九三七年播出，由一家名字取得不太好的肥皂公司 Duz 贊助（廣告詞是「Duz does everything」，意為 Duz 什麼都能做，其中 Duz 與 does 發音相似）。當時正好電影興起，這個節目適逢天時地利，成為史上播映期間最長的電視劇。

在有聲電影出現之前，名人之所以會出名，通常是因為做了什麼舉世聞名的事情，例如發明飛機、帶領國家開戰或停戰等等。雖然也有知名的音樂工作者和演員，但是他們的臉孔並非無所不在，生活也不會隨時被人追蹤，還不具備帶動一堆人去購買某款肥皂的影響力或公信力。有聲電影問世之後，電影明星的臉龐在滿懷欽佩的觀眾眼前反覆出現，讓這些明星成為最早透過媒體產生影響力的公眾人物。

電影和電視也使得普羅大眾更迷戀美好的肌膚。畫質不佳的攝影機加上化妝與燈光，使演員的膚質在鏡頭下看起來超乎尋常地滑順柔嫩，而且這種手法在當時沒有多少人懂得。在銀幕上看起來，這些明星若不是基因特別優良的人種，就是有什麼保養祕訣，一般大眾巴不得能打聽到半點線索。一旦某位明星有使用什麼產品的「心得推薦」，大眾就會認為可能是其美貌的關鍵，帶動銷量暴增。像當年就有一票演員同意表明自己有在使用麗仕香皂，並答應將自己的名字和照片用在宣傳「十位電影明星中就有九位愛用麗仕沐浴皂」的廣告上。利華公司甚至從來沒有付他們廣告費，因為這種作法還太新穎，明星們顯然還沒想到要收錢。

「肥皂劇」一詞最後演變成用來形容某種情節誇張狗血的戲劇，儘管肥皂公司與這類戲劇製作的關係已經很遙遠，還是沿用至今。《指路明燈》在二〇〇九年停播（衍生出許多玩笑，像知名主持人史蒂芬・荷伯〔Stephen Colbert〕就在桌面擺出假的「精裝DVD全套組」，一字排開大概有一百八十公分），《紐約時報》和英國廣播公司都在報導中形容這次落幕象徵一個時代的結束。其他肥皂劇的收視率也一直往下掉，因為目標觀眾（能每天定時收看、跟上超複雜劇情發展的家庭主婦）不斷減少。取代肥皂劇的，是可以跳著看、適合在手機上播放的遊戲節目和脫口秀短片，能在下一個通知彈出之前，趁我們還沒被其他新鮮東西引開注意時播完。

寶僑公司在《指路明燈》停播之後依然握有這部節目的所有權，並表示正在為其尋找新家，但至今仍未找到。人們非但不看肥皂劇，連有線電視都停訂了。隨著X世代和千禧世代同時迷上近藤麻理惠或 #vanlife（車旅生活）啟發的簡單生活型態，帶有環保意識的極簡主張使得人們排拒許多產品，對於要使用的商品也變得極度注重來源和品質。

與皮膚相關的個人護理產品就是其中之一。塊狀肥皂在大眾市場的銷量持續下滑，然而「獨立」香皂品牌和護膚公司卻獲得創投基金挹注，迅速占據每個人的Instagram 動態消息，並以同等的迅速賣出產品。新世代的注意力離開電視螢幕和廣告看板（就像上個世代的廣播、上上個世代的路面電車廣告，還有上上上個世代的商業廣告畫），或許會是肥皂業無法克服的挑戰。大型企業無法像以前一樣，用財力穩定壟斷受眾的注意力，這為新創公司、權威專家和網紅開啟了將消費者導向產品的新契機。

Ⅳ 光彩

一群興奮雀躍的年輕人，沿著運河街（Canal Street）旁的人行道排成一列長龍。若換成其他情況，我可能會以為那裡頭是夜店，但此刻是星期二的傍晚六點，而且排隊的人群裡沒有乖戾暴躁、滿頭髮膠的男子，反倒幾乎全是（平均來說）十八歲左右的女生，看起來都像是高中校內的風雲人物。

這些女生正等著進入一家新開幕的實體旗艦店，來自全球成長最快速的護膚公司：Glossier。在門口控管人流的保全人員也是年輕女性，她們清一色穿著粉紅運動衫，不時拿起天鵝絨繩子，讓一小群顧客穿過門廊去搭乘四人用電梯。手上拿著筆記本和筆的我，從來沒感到像此刻這麼格格不入。

在這裡的顧客們，都擁有廣告長久以來向消費者宣稱值得追求的那種膚質，可以說就是那種「女學生般的膚質」。她們看起來妝容並不厚重——這也正是Glossier的核心理念之一，抗拒過去幾個世代講求粉飾的彩妝路線，強調「自然」的樣子。Glossier的口號是「護膚第一，化妝第二。」如果化妝是為了掩飾皮膚的瑕疵，那麼Glossier要賣給客戶的，理論上，就是炫耀膚質的能力。這間公司的廣告模特兒，看起來都像是剛剛睡完漫長放鬆的一覺，然後買了一杯蔬果昔。她們臉上帶著明亮光澤，絲毫看不出人生的風霜，也不像是花費很多心思才能如此完美無瑕。套用一句碧昂絲（Beyonce）的歌詞，她們「一起床就是這樣」。

走出電梯，踏進店內，裡面感覺像個藝術裝置，白色燈光從四面八方流瀉而出，雖然明亮適度，卻有一種壓倒性的氛圍。我們眼前是一排排嶄新的白色展示檯，上面陳列著更加簇新潔白的瓶瓶罐罐，從洗面乳、精華液、護唇膏到其他護膚「必備產品」，應有盡有。處處可見的鏡子，能讓我們隨時拿自己的臉跟周圍照片上明媚的模特兒做比較。產品標籤內容呈現出對化學成分的重視：「弱酸性」、「不含對羥基苯甲酸酯」、「含果酸成分」。

這個人聲鼎沸、夢幻無比的護膚聖殿，是美容與保健兩個世界撞擊出的巨大火花。一個世紀前，肥皂產業開始引據皮膚醫學來鞏固自身的正統性；如今，無所不包的護膚業似乎準備要將皮膚醫學幾乎整個吸納進來。

Glossier的構想來自艾蜜莉．魏斯（Emily Weiss），或許她已經有名到不需要多做介紹了，不過為防萬一，這邊還是簡介一下。她以青少年時尚雜誌*Teen Vogue*實習生的身分踏入業界，後來在二〇一〇年創立以保養、美容和健康為主題的部落格「Into the Gloss」（走進光彩）。她訪問眾多女性的保養與化妝習慣，培養出一群忠實粉絲。她的本意是提供一個平台，讓大家討論自己心中的美是什麼，而不是遵循大公司灌輸大眾的美麗標準。據魏斯所說，之所以創立網站，是因為她「變得越來越明白傳統的美容典範有多少缺點。一直以來，美容業都站在專家的角度，告訴你們這些顧客哪些東西應該要用在臉上、哪些東西不要用。」

魏斯在二〇一四年推出四款系列產品，當時她二十九歲。靠著部落格的名氣，這個系列已經具備「獨創一格」的條件——不過對照Glossier日後創造的潮流規模之大，這個形容似乎已不怎麼適合。最初的系列產品包括一款臉部噴霧和保濕乳霜，不過真正引爆買氣的是一款叫做「Boy Brow」的染眉膏，如今已成為千禧世代女孩化妝包必備的商品。這款染眉膏重現了頭髮毛囊所分泌的油脂在沒被洗掉時會產生的效果，由於大受歡迎，為Glossier開拓了數百萬名顧客。

有人將魏斯形容為千禧世代的雅詩．蘭黛（Estee Lauder），因為這位令人起敬的企業家當年創業時，也是從自製抗老臉霜、把這些「希望之罐」賣給女性顧客開始。蘭黛在一九四〇年代擴大產品線，最後推出自己的化妝品牌，讓她獲《時代雜誌》（*TIME*）選為「二十世紀最成功的二十位企業家」之一（她是名單中唯一的女性）。蘭黛最具突破性的產品是在一九五三年推出的一款淡香精，名為「青春之露」（Youth Dew）。

Glossier 的企業使命中有一句：「創造煥發光彩的水潤肌膚，是我們的使命」。這家公司在我撰寫本書時估值超過十億美元，從對抗傳統美容典範的小小部落格，成長為擁有香氛、乳液等四十種不同產品的企業。二〇一七年，紐約州州長安德魯．古莫（Andrew Cuomo）得意地宣布 Glossier 即將遷入蘇活區一間七百三十坪的辦公室，帶來兩百八十二個工作機會，並獲得三百萬美元的應稅所得減免額度。Glossier 大部分的產品都是透過網路銷售，不過在我寫作本書時已開了兩間旗艦店，一家位於洛杉磯，另一家位於紐約，也就是我此刻所在的地方。

陪我來到 Glossier 的，是我的朋友莉亞．芬尼根（Leah Finnegan），她經常撰寫有關消費主義、網路文化和女性主義等議題的報導。她解釋，魏斯在一個長期以來大多由男性擔任執行長的業界創業，這樣的故事本身就是 Glossier 吸引人的原因之一。在《大西洋》雜誌二〇一八年舉辦的一場活動中，魏斯談到身為女性企業家在傳統男性場域的經驗。她說明自己如何率領公司成長來滿足需求（不只是主張「自然」的樣貌，還要迎合某些想要看起來「像金．卡戴珊那樣」的消費者），並表示拓展路線是為了讓女性能夠「為自己做選擇」。

儘管魏斯現在已是護膚界首屈一指的企業家和潮流領導者，她仍持續強調自己作為局外人的角色：「（美容產業）長久以來……一直被少數幾家價值幾千億美元的集團企業牢牢把持。」她在《大西洋》雜誌主辦的活動上這麼說，「幸運的是，現在是社群媒體和個人表述的時代，每個女人都可以是自己的專家。」

不過，當然了，當每個人都是專家的時候，就表示沒有人是專家。

莉亞認為這種主張賦權的行銷說詞只是一種假象。「我當然支持女性擔任執行長，但我們真的需要別人叫我們使用更多護膚產品嗎？這是發揮權力和影響力最好的作法嗎？」她抨擊魏斯所謂擁護女性的說詞，指出魏斯也是在向女人推銷極端而難以企及的美麗標準。就算這些產品和標準是來自一個女人，也不代表就是好的。「這些標準本身就是問題，是權威主義。」

她講這些話時，半是玩笑，半帶認真。這座城市確實充斥著販售護膚產品的商店，從小型雜貨店、藥局到百貨公司，雖然很少有人在這些店的外面排隊。那些廣告看板、身材比例不科學的假人模特兒和光亮的彩色雜誌封面，無一不是在創造及延續對於孰好孰壞、孰是孰非的價值觀。精心打造這些訊息的企業，若是願意稍微偏離標準，採用那些並非極度纖瘦、年齡超過四十歲，或是皮膚稍有皺紋且膚色不夠完美的模特兒，還會以此自我稱頌一番。

在紐約這間旗艦店裡走來走去、想讓自己看起來稍微融入一點的我，注意到有個產品叫做「Invisible Shield」（隱形護盾）。原來這是一款 SPF 35 的防曬乳，一盎司（約三十毫升）要價二十五美元。除了防曬之外，這產品並沒有別的功效，可是看到它擺在那裡時，我非常想要擁有。感覺如果能當場把它打開來抹在臉上，我好像就會好一點——或許就能融入這裡的這一群人。就算只是口袋裡有一瓶這東西好像也不錯。

Glossier 產品的包裝很美，但是成分卻出乎意料地普通。像是熱門的痘痘筆「zit stick」，成分包含外用抗生素過氧化苯，這是非處方治痘藥物最常使用的原料，幾乎所有護膚、美妝和藥局品牌都有販售含過氧化苯的產品。Glossier 的這款痘痘筆售價十四美元，容量大約零點一盎司（三毫升）。我掏出手機，在沃爾瑪網站查到某款容量一點五盎司的痘痘筆（約四十四毫升，將近十五倍之多）只要五美元。

正如以前的肥皂帝國和更早出現的美妝品牌，Glossier 的成功之道，就是透過占領最新的媒體來贏得消費者信賴。莉亞說明，還有一個因素是人們「想藉由購買艾蜜莉·魏斯的產品來變得像她一樣」。她那張臉就是品牌的代名詞，充滿了優渥自在的都會感和白手起家達到財務自由的印象。如今魏斯的公司在 Instagram 上擁有超過兩百五十萬名追蹤者，她運用這龐大交流平台的能力之強，若威廉·利華還在世應該會氣到口吐白沫。有一家時尚雜誌就形容她是「將內容轉化為銷量的先驅」。

有別於過去一世紀盛行的名人代言策略，魏斯在保養和護膚的網紅界建立起可以擴張的「銷售代表」網絡；雖然其中有些網紅的受眾並不多，但她們擁有死忠粉絲，大多是在 Instagram 上。這些銷售代表只要幫忙賣出 Glossier 產品，就能得到分紅和商店點數。根據記者雪柔·維希霍佛（Cheryl Wischhover）的敘述，魏斯獲利的關鍵在於「大家都認為好朋友推薦的東西應該不會錯。」

不過在保養產業當中，頭一件錯事就是把職業網紅當成你的朋友。說白一點，網紅刻意吸引你的注意，就是想要藉此賺錢。然而，網紅還是很受青少年族群歡迎。前不久我去參加一場婚禮，在會場跟某個十三歲的孩子聊了一下。她的 iPhone 手機殼上貼著大大的 Glossier 貼紙，我問她是不是網紅，她說不是，但似乎為此感到很難為情。為了化解尷尬，我就說每個人都和網紅一樣，能以自己的方式去影響別人，她露出似笑非笑的表情，繼續滑她的手機去了。

大膽探索 Glossier 消費體驗的核心殿堂之後，我感覺到一種自己不屬於這裡的強烈焦慮。我問莉亞她都在哪裡購買護膚產品，她毫不猶豫地說：「CVS！」於是我提議去逛逛，一方面也是想看看這家幾乎遍布每個街角的連鎖藥妝店，裡面賣的無數護膚產品究竟跟吸引年輕人在Glossier外頭大排長龍的商品有多大差異。我們走去排隊搭電梯下樓。

走在蘇活區的街上，經過整片玻璃門面的Credo Beauty，玻璃上寫著廣告標語：「最大、最安全、最真實的潔淨美妝品牌」，宣傳店內商品涵蓋「美髮、美體、護膚、彩妝」。如今有很多廣告以這種超越原義的方式使用「潔淨」一詞：不是用來形容產品的功效，而是用來形容產品的**本質**。

「潔淨美妝」（clean beauty）的趨勢，在某些情況下是指將環境衝擊降到最低，不過更常用於指涉某種尚未有明確定義的純淨概念——正如純淨這個詞語本身的定義始終存在模糊之處。「潔淨」這個標籤也開始取代「天然」（natural），天然正是另一個偏向描述某種感覺而沒有標準定義的用詞。已經有很多批評者指出把「天然」當成「好」的同義詞有什麼問題：響尾蛇的毒液是天然的，颶風也是天然的，但廁所不是。

「天然」這個用詞的批評者當中，也包含了本身就大量使用這個詞的品牌。葛妮絲・派特洛（Gwyneth Paltrow）創立的健康事業帝國Goop，二〇一六年在公司的網站公告中感嘆表示，個人護理產業「基本上不受法規監管」，充滿了各種內含有毒化學物質的產品。「因為無法可管，各家公司可以用任何形容詞來行銷或是將產品『漂綠』（greenwashing），像是**天然**、**綠色**和**環保**，這些詞根本沒有任何可供執行管理的定義。換句話說，商品正面那些吸引買家的文字，完全不需要跟背面成分標示上的東西相符。而 Goop 正在為美麗創造一種新的標準，我們稱為『潔淨』。」

如今，Goop 仍在銷售各種標榜「天然」的產品——在該公司的網站上搜尋這個詞，可以找到七百六十二筆貼文和販售中的產品，包括天然健齒美白牙膏、天然皮拉提斯、純天然香氛眼罩等等。不過以使用「潔淨」一詞推銷同樣模糊的清淨理念來說，葛妮絲．派特洛也是先驅。從二〇一六年開始，該公司就以 Goop 品牌推出一系列的「潔淨」護膚產品、「潔淨」食譜，甚至是標榜能帶來「潔淨睡眠」（clean sleeping）的產品。

這類產品背後的行銷手法，代表著一種嶄新、程度更勝以往的純淨追尋：人不僅必須要清潔自己，還必須使用潔淨的產品和方式達成。

這種概念甚至滲透到普通連鎖藥妝店販售的產品中。這些藥妝店販售各式各樣的肥皂、洗髮精、沐浴乳、乳液和其他護膚產品，長期以來對於把美容、保健與身心健康混為一談發揮了相當的作用。比方說，我和莉亞在CVS發現品項多到數不清的過氧化苯製品，有平價的一般商品，也有昂貴的高檔貨。有個叫理膚寶水（La Roche-Posay）的品牌，名稱下標有「皮膚科實驗室」（Laboratoire Dermatologique），並寫著該牌的「身體保養」產品「受到全球皮膚科醫師推薦」，而且「經臨床實證可減少皮膚乾燥、粗糙問題」。該品牌的貨架上有用來清潔去油的肥皂和含酒精產品，也有用來補充油脂的保濕乳霜，還有幾十款防曬產品。

消費者有太多產品可以選擇，或許不是Glossier這類品牌的阻力，反倒是其成功的原因。市面產品五花八門，使得選擇成為相當累人的事，而Glossier提供了一種篩選管道。如果某項產品在一家這麼棒的店裡販售，連艾蜜莉・魏斯也在使用，那一定是很棒的產品。或者說，至少會是安全的選擇。

喪氣又渾身是汗的我跟莉亞搭上紐約地鐵F線返回布魯克林區。夏天通勤的常態，就是乘客們摩肩擦踵地擠在室溫應該有三十幾度的鐵箱子裡，會讓人不由得想起人體就是一袋袋具有代謝活性的有機物。我真的很慶幸把我夾在中間的人們都有良好的個人衛生習慣。車廂上貼著一系列護髮、護膚和護甲維他命的廣告，擔任代言人的超級名模海蒂・克隆（Heidi Klum）露出耀眼皓齒，對著下方的我們微笑。她皮膚水潤，秀髮微妙地飛揚著，身上的連身裙卻文風不動，而她推銷的品牌叫做Perfectil[11]。

吧台後面那位瘦高的文青風牛仔，頭戴寬邊牛仔帽，繫著波洛領帶[12]。我坐下來，他拿起看似裝有威士忌的棕色瓶子幫我倒了一杯，不過倒入杯中的液體質地黏稠，彷彿糖漿那樣。若是在拓荒時代的西部，我應該當場就對他開槍了。不過這裡是獨立美妝展（Indie Beauty Expo），也就是全球規模最大的獨立美妝品牌年度盛事，所以我什麼也沒說，等他介紹。

他笑著表示，剛才他倒的那瓶其實是沐浴露，而且是男性專用的。

這位老闆看起來非常高興有人可以聊聊，他的產品似乎不太能吸引經過我們身旁、走向其他攤位的川流人潮，因為大多數都是女性。

他的品牌叫做18.21 Man Made[13]。其中的兩個數字分別是向美國憲法第十八條和第二十一條修正案致敬，前者是禁酒令，後者則解除了禁酒的規定。我想這個名字沒有要表達什麼深刻的意涵，只是要勾起自由聯想的直覺，讓人覺得這是男人會

譯註11 Perfectil：形似「perfect」（完美）一字。
譯註12 波洛領帶（bolo tie）：以繩子或編織皮革與金屬飾扣組成的繩狀領帶，帶有美國西部服飾的粗獷風格。
譯註13 Man-made既有「人造」的意思，也可以解讀為「男人」所造。

喜歡而且想買的東西。「男人」（man）這個詞不僅包含在品牌名稱中，也出現在品牌標語裡：「讓男人以擁有為傲的頂級清潔用品。」不過那瓶威士忌沐浴露怎麼看都像是要拿來喝的。

威士忌這個主題，在針對男性行銷的護膚產品當中相當常見。Whole Foods有機食品超市有賣一系列叫做Dear Clark（親愛的克拉克）的沐浴露，咖啡色瓶身上印有紅色封蠟標誌，看起來跟美格威士忌（Maker's Mark）異常相像。之前我在明尼亞波利斯逛過一家商店，裡面有賣某牌黑色瓶身包裝的沐浴露和保濕乳霜，品牌名稱叫Every Man Jack（每個男人），擺放的那一整區都是個人護理產品，而分區標示寫著「All Things Manly」（男人味專區）。在藥妝店的男性護膚用品區，幾乎只看得到黑色、棕色和灰色的商品，味道不會是薰衣草和木槿花，而是「山野氣息」、「直球對決」之類的。

這些男用產品與（幾乎都比較貴的）女用產品之間的差別，往往在於香味、顏色和包裝，而且這些區別似乎越來越受重視。男性護膚市場正在成長當中，在二〇一八年到二〇一九年間成長了百分之七，寫作本書時估計產值在二〇二二年可達到一千六百六十億美元，不過在整個美容保養產業當中仍是新興領域。根據二〇一九年的一份市場研究報告，十八到二十二歲的族群也對中性產品展現出前所未有的興趣。不過由於沒有任何真正創新的商品，銷售者往往試圖藉由定義及表述產品的**適用對象**來打入市場，而專用就是關鍵所在。如果你賣的產品適合所有人，那就表示這產品不適合任何人。

我在獨立美妝展見到的另一位男性經營者，是一位腳下踩著獸皮的舊石器時代飲食狂熱者；對於使用身體乳霜，他的理由是需要用來擦他「練 CrossFit[14]而磨破皮的手」。後來我發現，他曾經在美食頻道 Food Network 擔任過執行編導。他開的公司叫 Primal Derma（原始皮膚），標誌是一隻原始壁畫風格的牛，推銷話術則是他們的護膚產品符合舊石器時代飲食的精神，是用牛脂製成的。

我參加的這場展覽辦在曼哈頓下城，一間坐落於社會住宅大樓之間的會議中心。每年都有眾多嶄露頭角的護膚業者參加展覽，希望能吸引經銷商、建立人脈、發掘供應商，還有找出賣更多護膚產品給消費者的新方法。這裡形同產業的最前線，可以預見接下來幾年內會出現在店面的商品趨勢。每位業者的雙眼都散發著嗜血的光芒，渴望有機會推翻艾蜜莉．魏斯的地位。

陪我在這將近兩千坪的場館逛展的是歐婷．杭利（Autumn Henry），她是紐約

譯註14 CrossFit：以多樣化、高強度功能性動作為主的健身方式，強調訓練心肺、肌耐力和各方面身體能力。

頂級護膚中心 Exhale 的首席美容師。杭利對於產業知識、潮流趨勢、銷售手法和其中的真正價值了解甚深，提供許多珍貴的資訊，還答應帶我參觀展會上琳瑯滿目的產品。

參展的業者似乎都看出杭利很清楚自己在做什麼，甚至不需要她開口，而他們也看得出我完全不懂。我還真的不懂。

我問她，怎麼樣才算是**獨立品牌**。

「喔，就是一種感覺啦。」杭利說。技術上來說，建制與反建制之間的界線很模糊。不過來參展的所有品牌，都是知名度不高或通路不多的，大多數品牌甚至連杭利都很陌生。不少攤位是創辦人親自擺攤，其中許多人是作為副業或第二段職涯在經營，希望能有重大斬獲——像是被老牌肥皂商等大型企業集團收購，或是與通路遍布全國的零售商談成經銷合作。

「他們得先有突破性的產品才行，」杭利說明，「所以很多品牌會嘗試加入各式各樣的新原料，不是追隨當下的產業趨勢，就是想辦法創造新的潮流。」

就如同肥皂業一樣，想在激烈競爭中脫穎而出的龐大壓力，促使這些公司搬出各種銷售手法，好讓我們買下從沒想像到自己會需要或想要的產品。要達到這樣的目的，往往是針對某種原料、症狀或是上一季還不存在的某種作法，強化或創造出重視的趨勢。

這些手法在展會上赤裸裸地呈現出來，而且執行強度更勝一般。獨立品牌會汲取這個產業的特性，但必定比主流品牌的手法來得輕率一些。一間公司爆紅時，監管機關比較有可能對其宣稱的產品功效進行嚴格審查，但是在那之前，有不少冒險操作的空間。

許多業者會採用強調某種既有作法的策略。如果消費者偏好職人手工製品，這裡就會出現比**任何**市面商品還要更**少量**製造，或是原料**種類更少**、**成分更純**的產品。在天花板懸掛的輕飄飄、閃亮亮的裝飾之下，我們走過一個又一個攤位。隨處可見「潔淨」、「純粹」、「零殘忍」[15]這些字眼，還有「木炭」、「竹炭」這類直覺上跟乾淨最八竿子打不著的產品，尤其對採煤炭的礦工來說更是如此。有個叫Sumbody的品牌，經營者給了我一包「青春之泉幹細胞保濕精華」（其中的「幹細胞」來自南瓜）。Max & Me給我的產品是「香恬靜謐水洗式面膜」，據說能「改善難以解決的皮膚問題（我拿到的試用品上沒有寫明是那些皮膚問題，不過該公司的網站寫出是痤瘡、酒糟性皮膚炎和皮膚潮紅。網站上也宣稱這款主要成分為泥土和

譯註15　零殘忍（cruelty-free）：指研發製造過程中沒有傷害或殺害任何動物。

蜂蜜的產品可以「讓你充滿美妙感受」。）

在寫著「掌握你的美麗」的霓虹燈招牌之下，有位經營者身穿刷手服在發放乳液試用包。瀰漫整個展場的那種醫學氛圍，似乎並非出於偶然。無論是攤位視覺設計、推銷用語還是產品本身，在輕鬆愉快的展示之餘，都隱隱染上一抹攸關生死的色彩。護膚產業與科學的關係十分複雜，不過我在這裡稍微掌握到一些基本守則。可以說產品和成分「經過科學實證」，而且研究結果證明產品很好；但是別問研究報告發表在哪裡，或是有多少人參與實驗。

有別於（讓這裡和外面許多人失去信心或認為有負他們期待的）「主流」科學，獨立科學比較不重視方法論和統計數據，而是著重於親身經驗和個人專業。在這種類型的科學中，所謂的「研究」可能其實是指公司裡的每個人都試用過產品，而且覺得**棒透了**。

杭利對現場的許多產品感到好笑或大翻白眼，但是她也耗費畢生改善人們的膚況，因為她真心相信護膚的重要。這些產品聲稱能實際改變人體最大器官的作用情況。「大家嘗試這些產品的時候，都好像不會有什麼傷害的樣子，但是又認為真的能夠帶來改善。」她說，「如果產品真的有作用——如果某個東西有改善情況的潛力，那就也有讓情況惡化的可能。」

熱門產品Lotion P50就是一個例子。這款由法國公司Biologique Recherche製造的產品，根據美妝部落格Into the Gloss所述，其實根本不是乳液，而是「一款保水的去角質化妝水」。化妝水是個含義尚無共識的流行名詞，「保水」同樣定義模糊。這款商品是個去角質產品——而且是化學性去角質產品，所以它會燒掉死去的皮膚細胞，而不是靠著物理性的力量予以刮除。有人說我對於這些過程的形容不如行銷文宣來得吸引人，但實際情況就是這樣。幾乎每款產品的用語都是「去角質」（移除死掉的皮膚細胞）、「洗淨」（去除油脂）或「滋潤」（補充油脂）。去角質作用跟某些消費者對於**乳液**的期待完全相反，但這種內行人才知道的事情正是產品的吸引力所在。

Lotion P50的味道非常難聞，有人說像燒輪胎的味道，也有人形容像是體臭。根據大多數使用者的經驗（包括我在內），使用時的感覺也不太好。Into the Gloss在文章中提醒讀者：「刺痛和發紅是正常現象，」不過這是值得的，因為「其中含有大量果酸和水楊酸，能帶給皮膚亮澤。不過，P50的特別之處在於混合了酸模（原文照錄）、沒藥萃取物、香桃木以及洋蔥（這就是那股氣味的來源）。」

這款產品的原始配方版本以「P50 1970」之名在市面上銷售，因含有苯酚在歐洲遭到禁售。苯酚又稱為石碳酸，最早是用於十九世紀後期開始生產的抗菌肥皂，這種化合物會產生燒灼感，繼而引起痲木感，有些小時候曾經被罰用石碳酸皂洗嘴巴的英國人可能還記得那種感受。對於想購買P50 1970的孕婦或哺乳婦女，網站建議先諮詢醫生再使用。該產品其中一家授權經銷商的網站上也寫著警告：「**由於P50的特性，商品送達時可能有滲漏情況。**」（原因並未說明。）

Lotion P50每瓶八點五盎司（約兩百五十毫升），要價一百零一美元，但是消費者超級愛它。

護膚這件事情，有一部分魅力在於不完全是奠基於理性論點，還涉及藝術性、自主性、享受與自我表現。

不過，這件事情也可能伴隨著壓力。由於選項眾多，會讓人難以真正對自己的選擇抱持信心。杭利聽過很多客戶說，他們一下子覺得自己有跟上最新潮流，一下子又擔心自己做的完全不對或錯失什麼重點。護膚不僅沒有令人平靜、帶來確實的助益，反而變成持續懷疑與不安的源頭。愛因斯坦（Albert Einstein）經歷過肥皂潮全盛時期，他一直以來堅持刮鬍子時只用肥皂，不肯把任何新潮的「刮鬍泡」納入日常清潔保養的習慣中。據說他曾經講過：「用兩種肥皂？太複雜了！」

當然，愛因斯坦不是一般男人。他拒絕各種形式的物質財富，而且厭棄無聊的事物，傾盡畢生之力探索一個能適用於萬事萬物的理論。不過，如果一九三〇年代的護膚風氣對愛因斯坦來說已經很難招架，時至今日，他也不會太好過。在一個產品不斷增加卻缺乏明確規範的市場中，想弄清楚各家主張的功效，明白如何分配自己的信仰、時間和金錢，是越來越難了。

在護膚產業開始融入醫學領域的同時，有些醫生表示難以苟同。即使是思想開明的醫生，也跟我說他們很難弄清楚病患詢問的每一種產品，還有各式各樣的新成分。專業知識讓他們懂得在新療法證實安全性和效力之前謹慎以對，但是對很多患者來說，醫生回答「我不認為這產品有經過研究，所以我建議先不要使用」已經無法讓人滿意了。

萊絲莉．鮑曼（Leslie Baumann）試著想在保持開明心態之餘，也講求科學證據。她在邁阿密大學創立美容皮膚科學研究所（Cosmetic Dermatology Research Institute），這是美國第一所研究美容皮膚科學的學術中心，也象徵著將護膚產業納入研究體制。鮑曼博士著有一本大部頭教科書《醫美保養品與化妝品成分》（*Cosmeceuticals and Cosmetic Ingredients*），試圖在專家講話越來越沒有權威、責任卻越來越重的執業環境下為其他皮膚科醫師提供指引——就像是一場產品導覽。她以審慎樂觀的心態看待這種情況。

鮑曼聽過容易產生混淆的成分之一，就是視黃醇（retinol）。視黃醇為視黃酸的衍生物或相關產物，也稱為維生素A，美國食品藥物管理局（FDA）核定為藥物。視黃醇是某些處方藥物的成分，不過也能在藥局買到。視黃醇屬於重要的訊息傳遞分子，掌管皮膚與其他部位的細胞生長與複製作用。有一些證據顯示視黃醇確實能「開啟」促使皮膚產生膠原蛋白的基因，並「關閉」某些會產生酵素分解膠原蛋白的基因。膠原蛋白是保持皮膚「細緻」、「緊實」、「不鬆垮」的基質結構——若皮膚的「老化」主因是膠原蛋白消耗殆盡，視黃醇具有「抗老化」功效的說法似乎就有可信基礎。

不過，外用膠原蛋白並沒有效果。鮑曼說明，我們的皮膚功用就是要把大分子阻擋在外，所以是無法滲透的。喝下膠原蛋白也對皮膚沒有任何影響，因為膠原蛋白會跟任何蛋白質一樣被消化道內的酵素分解，無法完整從腸道輸送到皮膚。就算膠原蛋白被吸收到血管中，還得要抵達真皮層才行；這就像是在需要新輪胎的時候，把橡膠放到油箱裡面一樣。然而，膠原蛋白在獨立美妝展上到處可見，還有人告訴我膠原蛋白能讓肌膚緊緻、膨潤又平滑，而且「真的可以讓皮膚煥然一新」。

雖然這些話有待商榷，但因為沒有宣稱醫療作用，這些說詞完全合法。

要產生新的膠原蛋白，還必須要靠維生素C（又稱抗壞血酸）。人要是連續幾個月缺乏維生素C，由於血管中的結締組織變得鬆散，眼睛和牙齦會開始出血，稱為壞血病。鮑曼告訴病患，隨便吃一款維生素C咀嚼錠，「都比那些昂貴的膠原蛋白飲有用很多、很多、很多。」

能夠確實為身體細胞提供維生素C的方法，就是老套但經過時間證實的作法：食用新鮮的蔬菜水果。蔬果還含有其他有益微生物群的物質，例如纖維質。胃裡面有皮膚所沒有的強酸，能夠吸收維生素C等營養素。

有些證據顯示外用的維生素C也能改變皮膚。在一項研究中，研究人員給予受試者外用維生素C，然後對他們的膠原蛋白基因進行mRNA檢測，結果發現這些基因被開啟了，顯示受試者能製造的膠原蛋白數量比先前稍微多一點。不過，目前尚未證實這種作法比直接服用維生素C更有效，而且這種化合物加入護膚產品之後，可能會變貴許多。像是超熱門產品C E Ferulic，一盎司（約三十毫升）就要一百六十六美元。這款產品由SkinCeuticals公司生產，號稱可以抗紫外線和汙染物質，其中所含的三種原料已經明明白白寫在瓶身正面：維生素C、維生素E和阿魏酸（ferulic acid）。

如果在Amazon購物網站上分別購買這些原料，費用加起來不到一美元。分開購買原料還有一個額外好處，那就是純粹的營養補充品要經過美國藥典委員會（U.S. Pharmacopeia）等第三方審查，證明容器裡面裝的維生素確實符合包裝標籤所示。這些原料加入護膚產品之後，就沒有類似的檢驗程序了。但是不管怎麼說，C E Ferulic的愛用者也不會聽從我的建議，嘗試在家自製的樂趣。

許多產品都含有維生素C，不過C E Ferulic所含的酸才是讓維生素C穿過皮膚進入體內的關鍵。產品的酸鹼值若是不夠低，就沒辦法穿透表皮酸性被膜（acid mantle），產品基本上就只會停留在皮膚表層。或許你會喜歡這種油亮（潤澤）的樣子，但是產品成分中的營養素發揮不了任何抗氧化的效果。光看產品標示，是無從知道這些事情的。

鮑曼解釋，很多成分和品牌其實只是代表另一種真正的產品：階級。她表示，高價產品往往賣得很好，價格非但不影響銷售，反而是熱賣的原因。「這實在很令人無奈，」鮑曼說，「有位太太來找我，她都用海洋拉娜經典乳霜（Creme de La Mer）跟那些一罐六百美元的臉霜，覺得自己的皮膚保養做得非常好，可是她沒擦防曬乳、沒擦視黃醇，也沒有擦維生素C。」下一位走進診間的女病患則是因為忙於照顧小孩，覺得自己沒有照顧好肌膚而感到不安。她只有擦防曬乳和少量維生素

A產品。「我忍不住笑了，因為她的皮膚保養狀況還比前一位好。」

我問鮑曼，大眾對於哪一種成分的誤解讓她覺得最難以破除，她毫不猶豫地回答：「胜肽。」胜肽是一種定義模糊的化合物，價格高昂，主打的產品功效都是恢復活力、再現青春和抗老之類。不過基本上，胜肽只是蛋白質片段而已。蛋白質是由胺基酸組成的長鏈，胜肽則是胺基酸組成的短鏈。當你吃進蛋白質時，會將長鏈消化成短鏈，就稱為胜肽（peptide，字源為希臘文peptos，意為「消化過的」）。胺基酸鏈的長短與組合有幾乎無限多種可能，所以要說胜肽全都沒有用是不可能的，但這個詞已經濫用到幾乎失去意義。胜肽代表著眾多可帶來龐大利潤的產品，功效卻極度難以證明，而且加進臉霜或精華液裡面之後，還會跟其他成分相互作用。「胜肽的滲透力也不好，」鮑曼說道，「這根本就是個騙局。」

「生長因子也有被過度炒作的現象。」她憂慮地說。生長因子（growth factor）涵蓋非常多種可讓細胞互相溝通的小分子，具有重要而複雜的生物機能，現在有些製造商會刻意在臉霜和精華液中加入某些生長因子。行銷宣傳將添加生長因子描述成好事，彷彿生長因子越多就能讓人變得越美。這類分子雖然在人體組織中有著重要的功能，但是每一種分子都要透過精密的訊息傳遞路徑和回饋迴圈，搭配其他成千上百個傳訊分子才能發揮作用。鮑曼比喻，把某種生長激素單獨放在皮膚上，就像是把整支足球隊解散，要四分衛自己一個人打全場一樣。

「喔，還有，」她又說，雖然我剛才只請她舉出一個例子。「我超**討厭**那些幹細胞修護霜。」我們的皮膚都含有幹細胞，才能不斷增殖，製造出新的皮膚細胞。這就是為什麼死掉的皮膚不斷脫落，我們還是能保有完整的皮膚。把幹細胞放在皮膚上的想法，顯然是認為擁有更多幹細胞就能讓皮膚更有活力，或是達到類似的效果。幹細胞往往會與胎兒的意象連結在一起，從早期的肥皂開始，嬰兒就經常被運用在護膚產品給消費者的訊息當中。不過，擁有更多幹細胞並不會改善膚質。

就算把別人的幹細胞擦在自己的皮膚上，也不可能讓這些幹細胞對基底層的細胞產生效果，變成你自己的幹細胞。

此外，銷售人類幹細胞也是不道德的行為。就算合乎道德，幹細胞也無法在貨架上的乳霜裡存活數個月之久。

這些成分和其他原料宣稱的功效如此讓人難以招架，可說是刻意造成的結果。功效往往聽起來很熟悉又相當合理，但也晦澀神祕到讓你覺得是自己所知不足才無法完全理解。事實上，可能每個人都是如此。消費者被鼓勵要當自己的專家，但是資訊不對等和行銷宣傳的監管法規不足，使得消費者無法掌握正確的資訊。消費者彷彿理所當然應該要舉手投降，乖乖嘗試產品。沒有任何科學數據或解釋，能比某人的親身護膚經驗更有說服力。當消費者對生理或藥理機制有疑問，或是想知道什麼產品最適合在某種情況下使用時，根本找不到什麼能提供客觀答案的獨立資訊來源。不過，倒是有一窩蜂的業者幫我們根本沒想過的問題準備好了答案。

二〇一八年一月，我正在撰寫這本書時，「輪廓」（*The Outline*）網站刊出一篇題為「護膚騙局」（The Skincare Con）的文章，引發兩極意見。作者克莉提卡·瓦拉古（Krithika Varagur）指出：「某些圈子的人會吹噓自己把大部分的薪水花在精華液上，這如今已經成了常態。最新的護膚風潮充斥各種聽起來很可靠的科學名詞：胜肽、酸、溶液，還有其他跟臨床醫療用語有關的詞彙，而且這些商品的包裝通常很少量，卻不便宜。」

「但是這些都是騙局，」瓦拉古寫道。她抨擊這些商品的功效缺乏實證，業者運用大量行銷操作手法，讓消費者相信自己的膚況需要改善而買單，然而美的標準實際上會因文化而異。瓦拉古特別指出，Glossier 向來強調自家產品能帶來明亮潤澤的效果，現在卻推出一款讓肌膚不那麼明亮的霧面蜜粉。「這就是資本主義社會的週期循環。」

她的結論並沒有斷定護膚是好或不好，而是建議：「在開始執行某一套激進的護膚方法之前，最好先想想你為什麼想這樣做，這套方法為什麼吸引你。」

這篇文章刊登在網路上之後，立刻遭到眾多網友嚴厲批評。我在這裡截取幾則 Twitter 上的發言：「哈哈哈，儘管把這文章轉貼給那些戰痘好幾年的人，告訴他們護膚一點都不重要好了」（一千四百個讚）；「我的手超軟超嫩，都可以擠出精華液來」（一千一百個讚）；「我永遠忘不了有一次花錢護膚，皮膚真的變得超細緻，看起來膚況超好，讓我覺得很有自信、很開心。結果現在說那都只是白花錢，我被騙了，去護膚是個很爛的決定。反正我就是沒辦法分辨自己需要什麼和滿足自己的需求啦」（兩千九百個讚）。

莉亞是這篇文章的責任編輯，她非常驚訝人們對她眼中「顯而易見的掠奪性產業」如此偏袒。戳破這件事情為什麼得不到響應？「真正的問題在於，行銷宣傳讓大家覺得有必要做很多消費來讓自己的外表變成某個樣子，此外還有對於青春的盲目迷戀，以及鎖定女性多於男性的手法。」她表示。如果社會大眾套用在男性身上的標準和女性一樣，問題會小一點，不過更理想的是兩性都能不受什麼標準約束。

我很好奇，若是透過網路以外的管道讀到這篇文章，少了 Twitter 上那種會放大負面回應的社會濡染效果，讀者會有什麼感想？於是，我在自己開的公衛媒體課上讓學生閱讀這篇文章，結果得到的反應一樣：有位學生表示，這篇文章似乎是在告訴讀者，他們使用產品的親身經驗都是誤解——這會讓人感到自我懷疑和不安，就好像有人說你不能相信自己的感官一樣。班上同學紛紛點頭表示同意。

用一概而論的方式批評人們花錢護膚，最根本的問題在於把許多優質且深受歡迎的產品與搶錢騙局混為一談。暗示消費者容易受騙上當、在虛榮心作祟下不經思考就掏錢消費，無異於把結構性問題怪罪於個人頭上。如果護膚愛好者是捨棄經過科學實驗測試，進步、安全又容易取得的皮膚保健之道和醫學療法，去尋求他們在Instagram廣告上看到的什麼神祕精華液，那可能會引發醫界擔憂。然而，很多前往護膚中心的人都是因為醫學療法沒有辦法解決他們的問題，而政府主管機關又未能有效監管業者的行銷手法和廣告內容，使得消費者難以得知哪些資訊可以相信。護膚產業為消費者提供了希望和控制感。綜觀人類歷史，可以看出人往往會為了實現願望或掌控全局的一絲可能，放下懷疑而接受某種產品、信念或作法。

瑪雅．杜森貝利（Maya Dusenbery）就是其中一個例子。身為記者的她因為嚴重痤瘡苦惱了大半輩子，皮膚科醫師開過各種處方，包括會讓皮膚乾燥的收斂劑、口服及外用的抗生素，最後更開出螺環固醇內酮（spironolactone）和A酸等強效藥物。A酸又稱為「最終藥物」，因為一般認為這種藥物有增加自殺傾向、引起發炎性腸道疾病等嚴重副作用。為了處理任何可能助長痤瘡的荷爾蒙失調，她也持續避孕。「如果民俗療法有什麼藥可以治療痤瘡，我也會試。」她對我說。

然而這些方法都沒有效果。二十六歲時，她開始服用另一種口服抗生素，兩週後出現嚴重的關節疼痛，讓她幾乎無法行動。她被診斷出罹患類風濕性關節炎，這是一種自體免疫疾病，表示身體的免疫系統在攻擊關節。

此時杜森貝利仍然相信醫生會找到最好的醫治方式，她到風濕科就診，醫生開了抑制免疫系統的藥給她——包括常用於化療的藥物滅殺除癌錠（methotrexate）。藥是有效果，但她開始掉頭髮，每個月還要做檢測，確定這種藥沒有損害她的肝臟。

痤瘡是醫生開立抗生素處方最常見的病因。儘管抗生素改善症狀的可能性微乎其微，而且有明確證據顯示濫用抗生素十分危險，仍有病患持續服用好幾個月，甚至好幾年。像這樣非必要卻長期服用抗生素的情況，會讓抗生素在真正有必要的時候無法產生作用，也會擾亂腸道和皮膚的微生物。這些變化與免疫系統的功能改變有著明顯關聯，而且似乎會影響自體免疫疾病發作及惡化。杜森貝利開始懷疑她吃的口服抗生素與她罹患類風濕性關節炎脫不了關係。

於是她開始尋找其他痤瘡療法。她搜遍網路，試過乾刷法（一種熱門的保養方法，表面上是用毛刷像梳頭髮一樣輕刷皮膚，據說有刺激免疫系統的作用和其他好處）、花了九十美元買一些「植物製成的小東西」、拿油洗臉、使用口服及外用維生素，還有各式各樣網路上盛行的方法。

「這些患者並不是拒絕接受經過科學實證的治療方法，他們是走投無路。我能體會人在生病的時候，會願意嘗試任何有可能好起來的方法。」杜森貝利對我說，「我對另類療法一點興趣也沒有，但是生病之後我就覺得，管他是什麼鬼東西，我都要試試看。生病會讓人的觀點和心態截然不同。」

這些嘗試有時候會帶來些微的改變，她的膚況就在輕微發炎與似好非好之間徘徊。不過最後她發現，最有效的另類療法就是對皮膚少做點事——比先前少很多很多。

在為自己尋找解脫之道的過程中，她接觸到網路護膚資訊最常出現的一個用語：「表皮酸性被膜」。雖然這個詞有點爭議，有些人覺得非常重要，有些人覺得沒那麼重要，不過它其實是有論述根據的。我們皮膚表面的化合物含有油脂，因此呈現酸性。在pH量表上（七代表中性），皮膚的酸鹼值大約是五。「表皮酸性被膜」之稱，源自一世紀前德國皮膚科醫師艾弗列德・馬喬尼尼（Alfred Marchionini）與同事撰寫的論文。在〈表皮酸性被膜與抗菌機制〉（The Acid Mantle of the Skin and Defense Against Bacteria）一文當中，他將表皮酸性被膜具體形容成一層覆蓋在皮膚表層的薄膜，能保護皮膚免於微生物入侵。

如果皮膚的酸度能夠達到保護作用，那是因為酸性環境讓種類豐富的無害微生物得以生存。酸性是皮膚生態系統的正常狀態，保持酸性才能讓有助人類生存的微生物在皮膚表層存活。如果環境的酸鹼值改變，微生物族群也會跟著變化。與生病有關的，往往不是什麼病菌**入侵**，而是這種失衡的現象。

皮膚健康受到酸鹼值影響，但是這對於肥皂使用者來說不太妙。肥皂，就定義而言，是酸鹼值高達十點三的鹼性物質。這是有其道理的，肥皂的鹼度越低，就越難以跟我們想要洗掉的油脂結合。多芬的酸鹼值是七，因為其中添加了潤膚劑，讓皮膚在使用過後不會那麼乾。換句話說，多芬比較難與油脂結合，也比較不容易去油。再換句話說，它的洗淨力比較差。多芬就如同肥皂界的無酒精啤酒。

了解這些事情之後，杜森貝利開始明白，使用各種為皮膚去油的產品就形同將皮膚的保護層剝除殆盡。而且無論她再怎麼努力清潔，似乎也只是讓皮膚更快變油。她曾經努力戰痘，然而她漸漸明白，這場戰鬥就是問題的來源。最後她兩手一攤，什麼也不做了。她在論壇上讀到有人多年來一次也不曾用水洗臉，因為覺得太過極端（甚至可能有點病態），她還是繼續洗澡，只是不再使用肥皂或洗髮精。她唯一會拿來洗臉的，是一條超細纖維毛巾和少許的水，水量越少越好。

「我的膚況在變好之前一度變得更糟，」她露出苦澀的表情說。然而，經過油膩到令人心煩的兩個月之後，情況開始好轉。她的皮膚不再一下子超乾、一下子超油，而是長時間保持穩定狀態。這是開始減少使用肥皂的人常有的現象，雖然沒有明確證據顯示皮脂腺會因肥皂和收斂劑使皮膚變乾而分泌更多油脂，但那些產品確實會影響微生物族群。持續洗掉會分解油脂的菌群，就代表皮膚可能變得更油。

像杜森貝利這樣的案例給我們的啟示，就是開立抗生素和類固醇處方往往是欲速而不達，因為這些藥物會傷害我們需要的微生物。這種一網打盡、無一倖免的作法，很快就會被視為醫療史的遺物，就像瘴氣理論一樣與時代脫節。

「我不會說我皮膚很好，」她對我說，「不過我現在每個月大概只會長一兩顆小痘痘。」

嗯，這才是有可信度的行銷口號。

V 解毒

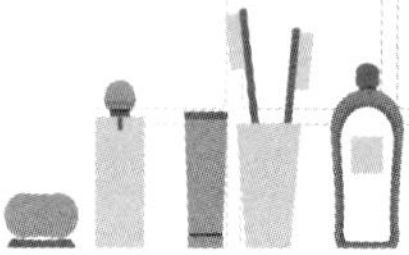

「你真的應該要找律師諮詢一下。」女朋友先前一直這樣勸我。

「這又沒犯法，」我像是在唱副歌似地重複回答她，「我很確定這不犯法。」

事實證明，從官僚體制的角度來看，要在護膚界創業真的簡單到不可思議。我接觸到的許多肥皂賣家和護膚業者，在投入這個產業之前並沒有任何相關專業知識或經驗；自從得知其中有些人已經快要成為百萬富翁、甚至是億萬富翁，我覺得有必要了解在市面上推出一款護膚產品是否真的那麼容易。我不是真的要賣東西，只是想親自體驗整個流程。

我的計畫是創造一款護膚產品，測試看看如何上市銷售。我沒打算做任何違法的事情，但是假如我要挑戰良心的界線，會有人出面講話嗎？政府會阻止我嗎？

根據在護膚產業參訪所得到的資訊，我知道得要有個好記的品牌名稱和目標客群：公司的品牌標語「Brunson + Sterling：打造超完美膚質的男性保養品」。這個名字沒什麼意義，只是聽起來感覺不錯。

我聯絡了工作夥伴凱蒂，她是插畫師兼設計師，我請她幫這間公司設計標誌。我們約在華盛頓特區一家沙拉輕食餐廳吃午餐，這兩小時的見面激盪出非常多行銷策略，我們做了一張電子試算表，列出散貨包裝、客製化網站和Instagram廣告素材的成本。預設目標是結合極簡美學與極致男子氣概，加上越多越好的行話和「熱門」成分。

從技術上來講，我們到底**可以**怎麼形容這個……產品？可以說「天然」嗎？有機？療癒？抗老？逆齡？減齡？

答案是，這些字眼全都可以。除了不能宣稱產品對特定疾病具有療效，其他說法幾乎都只有會不會受到批評的問題。我通知了美國護膚產業的主管機關，也就是FDA，告知我準備要銷售**一款產品**並提供我的地址，法規要求新廠商提供的資訊就只有這樣。我不必說明產品成分，也不必提供任何證據來證明產品的安全性或是功效。

接著我開始處理配方。幾乎所有護膚產品的原料都能在隨便一家藥局或食品雜貨店買到，所以我就從這些地方著手。

我到 Whole Foods 超市買了各種現在正受歡迎的原料：荷荷芭油、維生素 C、膠原蛋白、阿拉伯膠（一種益生元）、薑黃、乳木果油、蜂蜜和椰子油。然後回家把這些原料放進大碗，混合後倒入從 Amazon 網站訂購的兩盎司容量咖啡色玻璃罐，接著印標籤，再將產品刊登到用 Squarespace 架設的網站上。這過程花了一個下午，費用約為美金一百五十元，Brunson + Sterling 的招牌產品「紳士乳霜」就此誕生。

我決定不寫明它的任何功效，只列出成分，搭配略帶陽剛氣息的配色，呈現一種自在優雅、精心營造的簡約感。

我也決定不要親自試用產品，或是讓任何我認識的人試用。如果最後真的要賣東西，能否合理推諉責任就變得很重要。我沒道理認為我賣的東西有危險性，因為把產品中的原料分開來看，全都是FDA列為「公認安全」（generally recognized as safe）的成分。但若我在試用之後，發現任何可能證明 Brunson + Sterling 紳士乳霜毫無效果或有害人體的蛛絲馬跡，從道德上來說我就得放棄整個計畫了。要是我發現它**真的**有用，比方說能刺激膠原蛋白生成，因此確實有「抗老化」的功效，那我就會因為明知自己販賣的產品會影響人體基因而背負一股罪惡感。我不能在產品標示上提到基因什麼的，除非我把這款乳霜註冊為藥品——要這麼做，就得經過各式各樣的安全測試，買家還必須有處方才能購買。

我在網站上將一罐兩盎司裝的紳士乳霜價格訂為兩百美元。

在法規上，護膚產品依性質分為三類（也可能同時適用兩類以上）：肥皂、化妝品和藥品。這些區別不光只是政府機關設立的分類，還決定了產品要受到哪些規範、怎麼行銷，以及我們如何將產品用在身上。

第一種是肥皂。市面上販賣的肥皂產品未必都符合FDA對肥皂的定義，FDA對「肥皂」一詞的解釋，局限於將脂肪與鹼性物質結合而產生清潔力的產品（有別於人工合成的清潔劑），而且這種產品在包裝標示、銷售和呈現時都只能稱為肥皂。這類產品受到美國消費品安全委員會（Consumer Product Safety Commission）管理，該機構的管轄範圍也包括其他各式各樣的家用商品，像是玩具和工具等。消費品安全委員會要求製造商須遵守安全標準，但是他們無法在數百萬種消費性產品上市前逐一檢驗，因此審查大多是被動進行，也就是在發生安全問題之後才做檢查。比方說，消費品安全委員會在二〇一八年十月要求沃爾瑪量販店召回所有已售出的 Ozark Trail 野營斧頭，因為該委員會收到消費者檢舉「這款斧頭的斧刃會與斧柄分離，有造成傷害之虞」。

消費品安全委員會明訂的目標，是「保護社會大眾免於數千種消費性產品衍生的不合理傷害或死亡風險」。儘管與消費性產品相關的傷害、死亡與財物損害在美國每年約造成一兆美元的損失，許多保守政客仍指稱這種規範有害商業發展。如果連斧頭都不需要經過核准程序就能上市販售，更何況是肥皂呢？

當然，肥皂在護膚市場上所占的比例正在逐漸縮小。含有清潔劑的個人保養產品（雖然外包裝往往還是標示「肥皂」）在分類上屬於化妝品，和食品及藥品一樣受到FDA監管。

《聯邦食品、藥物與化妝品法》（*The Federal Food, Drug, and Cosmetic Act*）對化妝品的定義，為「預期以塗抹、噴、灑、塗敷或其他方式，使用於人體表面……藉此清潔、美化、增加魅力或改變容貌者」。這項定義涵蓋保濕產品、香水、指甲油、彩妝用品、洗髮精、燙髮劑、染髮劑和體香劑。

相對地，藥品的定義是「預期用於診斷、治療、緩和、改善及預防疾病者」，以及「預期用於影響人體或動物之生理結構或機能者（食物除外）」。因此，宣稱可以「恢復頭髮生長」、「減少橘皮組織」、「改善靜脈曲張」或「促使細胞再生」的產品，都應該列為藥品。

當然，所謂**預期**用途的意思要視情況而定，一般是指透過產品標示和廣告內容傳達給消費者的用途。就算我自己想用YouTube的催眠療法影片來治療腿，用牛皮膠帶治療腳底的病毒疣，或是用老鼠藥來減輕胃痛，這些東西也不會因為個人異想天開的使用意圖而成為**藥品**。

藥品的定義也可能取決於「消費者認知」的用途。比方說，大麻屬於藥品，就算做成餅乾銷售，外包裝只畫了一朵嫩葉之類的東西，沒提到會讓你「嗨翻」、「飛高高」，甚至連個「爽」字都沒寫，它也仍然是藥品，因為大眾認知就是如此。

大多數的護膚公司，只有在宣稱產品有藥效卻未登記為藥品時才會遇上麻煩。業者得自行決定要走哪一條路。如今新問世的護膚產品，宣稱的功效已越來越趨近藥品。隨著美容標準轉向追求更「自然」的樣子（而不是看起來明顯有化妝的樣子），越來越多產品標榜可以改變皮膚的結構和功能來達到美容效果，或是至少帶來一些改變。

因此，既可歸類為化妝品、**也可以**算是藥品的產品變得越來越多。FDA列舉了一些例子，像是抗頭皮屑的洗髮精與抗紫外線的保濕乳霜。還有一個例子是精油，在作為香水販售時算是化妝品，但若宣稱功效與「芳香療法」有關（像是聲稱產品的香氣有助入睡或戒菸），就要視為藥品。

化妝品與藥品之間的分界逐漸模糊，但是在法規上卻有著巨大的差異。在將藥品上市銷售之前，必須耗費數百萬美元進行多年臨床試驗，收集可證明產品確實安全有效的證據。而化妝品不需要經過核准，也不必提供安全檢驗證明。

這種差異偶爾會引起舉國關注。比方說，二〇一七年時美國各大新聞媒體紛紛報導，髮型設計師查茲．狄恩（Chaz Dean）推出一款名為WEN的熱門「淨化潤髮乳」，主打性質極為溫和、「不含刺激性化學物質」，卻疑似導致一位叫做艾莉安娜．勞倫斯（Eliana Lawrence）的女童掉髮。女孩的照片在社群媒體上流傳，引起黛安．范士丹（Dianne Feinstein）和蘇珊．柯林斯（Susan Collins）兩位參議員的注意，因此她們去探望了艾莉安娜。根據報導，艾莉安娜向她們描述頭髮開始不斷脫落時她有多害怕，而且後來在學校因為一塊塊未復原的斑禿遭到同學嘲笑。

FDA從二〇一四年就已經對WEN展開調查，不過開始調查的起因，是接獲一百二十七件來自消費者的不良反應申訴；到了二〇一六年，申訴案件已高達一千三百八十六件。FDA發現製造商本身也收到兩萬一千件關於掉髮或頭皮搔癢的客訴，只不過沒有回報FDA，因為法律並沒有規定製造商必須回報。

即使已接獲這麼多客訴，在艾莉安娜的事情剛登上新聞版面時，該公司仍斷然否認自家產品有問題。當時有位公司發言人表示：「WEN產品會造成落髮是不實而令人誤解的說法，沒有可靠證據能夠證實。」該款潤髮乳如今仍在市面上銷售。

要明確證實任何一款產品會造成危險，往往極端困難。除非該產品有眾多使用者在短時間內確實出現相同的病症或反應，否則會被製造商視為巧合而置之不理。加上法規寬鬆，FDA又人力不足，很少對產品進行管制。也正是因為案例罕見，若有產品被證實有問題，往往會登上全國新聞版面。

由於不常聽聞這種情況，許多消費者以為個人護理產品的傷害很少見，就像商店偶爾會有壞掉的雞蛋，但很快會被拿下貨架。然而即使是證據確鑿，或是公司承認錯誤並同意將產品下架，過程也要耗費好幾年。例如二〇一七年，青少年配件飾品店Claire's宣布召回幾款針對少女族群的化妝產品（包括「虹彩亮粉愛心彩妝盤」和「金屬光粉紅閃耀彩妝組」），因為這些產品被發現含有石棉。石棉的纖維銳利，一旦吸入體內，很容易誘發致命的癌症。爆發負面新聞之後，Claire's選擇召回產品——儘管法律並未規定廠商有召回的義務。FDA無法強迫任何公司召回產品，安全機制唯有仰賴該公司維護商譽的原則。

一直到二〇一九年三月，FDA局長史考特・葛特利柏（Scott Gottlieb）才表示FDA已完成檢測，確認這些化妝品含有石棉。葛特利柏也利用這個契機提醒社會大眾「化妝品產業正在快速擴張、創新」。他提到二〇一八年的化妝品銷售額為八百八十二億美元，遠超過五年前的七百三十三億美元，但是「儘管如此，《聯邦食品、藥物與化妝品法》……從一九三八年立法之後就沒有修改過。」

在一九〇〇年代早期之前，藥品都被歸為和化妝品、肥皂及其他能在雜貨店買到的東西同一類。以政府規定來說，個人護理產品屬於「成藥」（patent medicine），不需醫師處方就能購買。含有強效麻醉劑的滋補劑和酏劑往往完全沒有內容物標示，就算有，也不保證成分列表是正確的。

一九〇六年，老羅斯福（Theodore Roosevelt）總統簽署《純淨食品與藥物法》（*Pure Food and Drug Act*），結束了先前的混亂局面。該法明文禁止在州際貿易市場中製造、銷售及運送「有毒或有害的食品、毒品、藥物和酒類」，同時也規定禁止「標示有誤」及「摻雜其他成分」的產品。

更重要的是，這項法規開始定義何為**藥物**。法條中列出十種有效成分（包括古柯鹼、大麻、鴉片和海洛因），要求專利藥製造商必須向消費者明確標示這些成分。這些成分在當時依然合法，但是必須列在商品標示上。羅斯福顯然是認為，不能讓消費者在不知情的狀況下購買海洛因製品，至少該讓他們知道自己在服用海洛因。

知道某個產品具有危險性或成癮性之後，問題就來了：這種東西可以出現在市面上嗎？《純淨食品與藥物法》只規定了資訊必須透明，但仍為禁止某些危險藥物鋪下基礎，並讓日後的法律能進一步禁止安全但是無效的藥品。

該法的相關規定標準一開始是由研究取向的美國農業部化學物質局（Bureau of Chemistry）負責，但是制定明確標準並不容易。大多數藥品的安全性，完全取決於服用的劑量多寡。於是，為了因應越來越多像這樣的問題，化學物質局在一九二七年改制為純粹監管性質的機構，並改名為食品、藥品和殺蟲劑監督管理局（三年後刪去了「殺蟲劑」）。一九三八年，《純淨食品與藥物法》由更全面的《聯邦食品、藥物與化妝品法》取代，簽署者是老羅斯福的遠房堂姪小羅斯福（Franklin D. Roosevelt）總統。

一切進展到這裡就戛然而止。《聯邦食品、藥物與化妝品法》至今仍是監管所有食品、藥品、「生物製劑類產品」、化妝品和醫療器材的聯邦法規基礎。美國國會再也不曾修改其中的法條。

相較之下，在製藥產業中，一家公司若想讓產品上市，必須先進行臨床試驗證明該藥確實有療效，而且在試驗過程中不能出現有害人體的跡象。整個過程需要經過數年，耗費數百萬美元。即使在藥品上市之後，藥商也必須在廣告時羅列出不良副作用——基本上，美國任何電視藥品廣告的後半段全都是在講副作用。藥品廣告本身的道德立場依然值得商榷，臨床試驗的過程也絕對稱不上完美無缺，但是製藥產業至少在法律條例和品質控管上受到規範。然而，大眾對於製藥業產品的信任度，卻還遠遠不如我們每天在人體最大、毛細孔超多的器官上塗塗抹抹的護膚產品。

「如今，以化妝品來說，在美國行銷這類產品的公司與個人要為產品的安全性和標示負責，」葛特利柏在透過推特貼文串（晚於一九三八年的新產物）發布的一則新聞稿中表示，「這代表是否要測試產品安全並向ＦＤＡ註冊的決定權，最終掌握在化妝品製造商手上。說得更白一點，目前沒有任何法律規定向美國消費者販售產品的化妝品製造商必須測試產品是否安全。」

最後，他針對如何「與利害關係人士合作」來「轉變現行方式」，提出一些極度溫和的建議。相關作法「可能包括強制註冊及造冊、建立優良製造作業規範、強制回報不良反應事件、提供紀錄、強制召回、標示已知的化妝品致敏成分，以及成分審查」。

我回覆他（公開的，在推特上），詢問他的意思是不是這些事情**應該**要入法。當時他已宣布計畫辭職，距離卸任只剩幾個月。「我會這樣問，是因為大多數人都以為這些事情早就在做了，像是以為ＦＤＡ可以在發現產品有危險性之後要求廠商召回產品。」我寫道，「您身為醫生和主管機關的首長，若是表態這些事情都應該要入法，絕對會受到大力支持。」

他並沒有回應，也沒有說明。如果美國連主管機關首長都不能公開表示自己的單位應該要有權限知道市售產品含有什麼成分，就不可能產生足以帶給人民安全感的監管作用。ＦＤＡ不僅無法強制召回這類產品，也不具審查個人護理產品成分、判斷是否安全的權限（只有著色添加物除外）。因此，在長期以來重視經濟成長勝於消費者安全的美國，只有十一種物質禁止用於個人護理產品或是設有使用限制。相較之下，歐盟跟加拿大數十年來都有對個人護理產品的成分進行審查。歐盟禁止或限制用於這類產品的化學物質多達一千五百種，加拿大則約有八百種。加州立法機關在二〇一九年提出草案，希望禁止在個人護理產品中加入鉛、甲醛、汞（水銀）、石棉和其他多種可能有害人體的化合物。該草案如果通過，將會是美國首部這樣的法律。在我行文至此時，這項草案尚未通過。

了解護膚產品法規的歷史和現況之後，我就不太擔心主管機關會因為Brunson

+ Sterling 找我麻煩了。

這款產品如今仍刊登在網路上，只是我投入的廣告費不夠多，沒有真的吸引到任何人花兩百塊美元購買。總歸來說，這件事還是太讓我有罪惡感了，也許慢慢來，有一天我會辦得到。

在那之前，我願意以一億美元賣掉這個品牌。

這裡是布魯克林正在改造更新的戈瓦納斯（Gowanus）工業區，我在某棟老舊的工廠建築物裡，拐過一個轉角，薰衣草的香氣就撲鼻而來。香氣來自長廊盡頭的那道門後，我按下門口的蜂鳴器，應門的是身穿廚師工作服的瑞秋．溫納德（Rachel Winard）。我來到這裡，是為了製作體香劑。

溫納德是 Soapwalla 的經營者，這是一個不分性別、踏實行銷、走極簡路線的護膚品牌。此刻是早上九點，溫納德已經到這裡好一陣子了；此處空間約等於一間大坪數的獨立套房，是這間公司的實驗廚房、生產設備兼發貨中心。四位員工忙著處理各種工作，我和溫納德經過吊掛在門邊的拳擊沙袋（她有練拳擊），走進工業風的廚房；流理檯上有一個大攪拌盆，裡面裝滿白色粉末，很像準備要做成麵糊的蛋糕預拌粉。她告訴我她有個例行儀式，接著對這些粉末施以祝福，感謝有機會與世界上的人分享她的產品。在我們聊天時，她加水、攪拌，然後舀起混合物裝入兩盎司裝的罐子裡。我轉緊罐蓋，將罐子放進冷藏庫，好讓混合物的質地硬化。

Soapwalla 體香劑的配方是高度機密。溫納德說這句話時帶著微笑，不過她的意思就是絕不會鬆口，這也是她要在我來之前先準備好原料的原因。Soapwalla 體香劑大約是在二〇一一年時突然爆紅，溫納德認為可能是女演員奧莉維亞・魏爾德（Olivia Wilde）公開讚美好用的關係。當時是網紅文化尚未興起的黑暗時代，溫納德絕對沒有付錢請任何人推薦產品，甚至沒有花錢宣傳。當時，她製作體香劑的地方還是自家廚房。

Soapwalla 體香劑變得大受歡迎，出現在一個又一個部落格上，得到一個又一個使用者推薦，這些推薦來自最真實的動機：因為好用。Soapwalla 體香劑呈現乳霜質地，需要以手指塗抹。這款產品屬於「天然」體香劑，嚴格來說這個分類並沒有清楚明確的定義，不過通常表示性質很溫和，或是成分表中沒有一堆分子名稱。天然體香劑通常也不含傳統體香劑常用的抗生素化合物，而是採用精油來減少體味，因為精油味道好聞，還有一些抗菌效果。傳統止汗劑通常會加入鋁化合物來抑制腺體的功能，天然體香劑則是混入會吸收皮脂的黏土或其他粉狀物質，來達到減少體味的作用。

天然體香劑原理簡單且大同小異，但是溫納德似乎是開發出一款特別成功的產品。對於亂試各種天然體香劑卻達不到理想效果的人來說，Soapwalla 就像是一座佇立在清新之港上的燈塔，閃耀著他們盼望已久的光芒。我在逐漸捨棄傳統止汗劑的過渡期，曾經使用過 Soapwalla，效果一樣好。不過我覺得這款產品真正與眾不同的地方，在於銷售方式。它的包裝並不顯眼，也幾乎沒有行銷可言。Soapwalla 雖然有 Instagram 帳號，不過經營方式幾乎完全不靠網紅文化那一套。事實上，Soapwalla 從來不曾以強調任何人物的手法，去形塑產品最適合什麼人使用，或是身體應該呈現什麼樣子。

溫納德進入護膚產業的經過相當不可思議。她十二歲時就已是在全國各地音樂會演出的專業小提琴手，十六歲高中畢業，隨後離開位於美國西岸的家，前往茱莉亞音樂學院（Juilliard School）就讀。雖然她熱愛演出，卻不喜歡以音樂維生所需的商業經營。於是，她以投身音樂界時的那股果斷，毅然決然離開音樂界。她參加法學院入學考試（LSAT），進入哥倫比亞大學法學院。

法學院開學的第二天，是二〇〇一年九月十一日[16]。

在接下來的幾週甚至幾個月內，溫納德都到原爆點[17]當志工幫忙。就和許多在災後現場協助的人一樣，吸入爆炸與火災後產生的大量煙塵，使得她的健康急遽惡化。據她所說，差不多就在那個時候，她的身體「開始攻擊自己」。她無從確定究竟是因為暴露在災後現場的物質之中、受到恐怖攻擊事件帶來的情緒影響，還是純粹出於巧合，但是就在幾個星期之內，她從一個外表健康的正常人變成虛弱到幾乎無法下床。她就像被掏空，一點力氣也沒有。她說，那感覺並不像是憂鬱，而是彷彿生命力被一點一滴抽走了。

最先開始出問題的，是她的皮膚。

「我青春期時沒長過痘痘，以前也從來沒有皮膚太乾或太油的問題。」她這樣告訴我。然而當時她的臉部和手臂開始冒出斑斑紅疹，接著演變成關節疼痛和發燒。到處求診一年之後，她被診斷出罹患紅斑性狼瘡，是一種以臨床表現非常多樣

譯註16　二〇〇一年九月十一日：當天美國發生九一一恐怖攻擊事件，四架民航客機遭到恐怖份子挾持，其中三架分別衝撞紐約世界貿易中心雙塔、五角大廈，第四架墜毀鄉間，機上人員全數罹難。攻擊事件導致世貿中心雙塔起火燃燒，於兩小時內倒塌，並波及鄰近建築，死傷慘重，倒塌現場的大量煙塵亦持續傷害救援人員及市民健康。事發後蓋達組織(Al Qaeda)承認發動攻擊，美國因此發動反恐戰爭進攻阿富汗。

譯註17　原爆點（Ground Zero）：指世貿中心遺址。

而惡名昭彰的自體免疫疾病。

「我覺得皮膚就像是煤礦坑裡的金絲雀，有預警的作用。」她說，「快要發生更多全身性的問題時，你會先看到皮膚出現狀況，但這時你還沒感覺到出了什麼問題，或者只是感覺怪怪的，卻還沒意識到應該正視這個情形。」

她溫和地改正我旋緊蓋子的方式。

後來，溫納德使用了所有常用於治療紅斑性狼瘡的免疫抑制藥物，症狀偶爾稍有好轉，但皮膚狀況越來越差，變得更紅更癢，伴隨灼熱感和疼痛。「狀況最糟糕的時候，我連水都沒辦法碰。」她回憶道，「於是我變成那種走投無路的消費者，我會翻遍所有商品，尋找任何號稱低敏或適合敏感肌、天然、有機的產品——二〇〇三年，市面上才剛開始出現這些專有名詞。」

然而，她越是想讓自己變得更乾淨，好擺脫任何造成這個病症的原因，狀況就越來越糟。直到某天晚上，「我絕望至極，難受到睡不著，簡直想把自己的皮整個剝下來，於是我心想：『好，我不能這樣下去，我要做個什麼東西出來。』」

她開始混合原料、反覆試驗，試圖找出溫和到能讓她聞起來沒有怪味、又不會帶給皮膚負擔的東西。就在這個過程中，她發現了如今大受歡迎的體香劑配方，並且開始使用。在這段自我探索的時期，她也向律師事務所請了長假，前往印度一年讓自己「重新啟動」。她開始做瑜珈，也變得更注重飲食。

溫納德表示，在種種改變調整之下，她皮膚上的斑點開始減少，也慢慢恢復健康，她的免疫反應逐漸回歸正常狀態。她沒有試著去釐清原因到底是停止過度清潔、開始使用自己調配的極簡體香劑，還是因為離開紐約之後獲得心靈上的釋放和淨化。她認為答案應該是結合以上種種，還有更多其他因素。免疫系統失調的成因往往與壓力、睡眠、身體活動，還有我們用在身上、吃進體內的一切，有著密不可分的關係。

很多患有慢性病的人，都會偶爾有一陣子感到病痛減輕、健康好轉，有時候並沒有明確原因。這些比較好的時期就變成像北極星一樣的指標，在歷經嚴重病痛之後得到片刻的緩解，會讓你覺得當時所做的任何事情大概就是解答，沒有任何醫生的建議會比繼續執行那件事情的本能更有說服力。溫納德回到家鄉後，試著盡量繼續維持新的生活方式。在大多數的情況下，這種作法的效果很好。

好不容易找到適合自己的體香劑配方之後，溫納德在二〇〇九年決定開始把這款體香劑賣給其他處境相同的人。她沒有爭取任何創投基金的支持，甚至也沒有替自己的產品打廣告，只靠朋友圈之間的好評，接著在二〇一〇年流傳到網路上。兩年之間，她從利用業餘時間為偶爾接到的訂單出貨，做到離開律師事務所自己成立公司。

我不知道這款體香劑為什麼對許多人來說特別好用，某些人卻不覺得好用。溫納德在製作時用了泥土來吸收水分，這也是在世界各地有數世紀歷史的作法。我訪問過的微生物學家認為，可能是某些粉末和精油混合之後達到平衡或調整微生物族群的作用，能避免孳生會產生異味的菌種，同時又能讓其他菌種繁衍。這代表要使用一段時間才會出現效果。

在已經說服自己完全不用體香劑之後，我又開始每隔幾天使用一次Soapwalla。它讓我可以確定自己聞起來沒有惱人的異味；在什麼都不用的情況下，我向來很難百分之百肯定這一點。親自試誤，是我踏入護膚領域後最切身的自我實驗。如果發現某個產品有用，那就真的回不去了。

不過，比起製作出一款大受歡迎的腋窩去味霜，溫納德在護膚界最顯著的貢獻，或許是她身處於這麼容易誤入歧途的產業卻能不改初衷。她本身的存在似乎就是個證據，證明在美容或保養產業（以及其他業界），就算不灌輸客戶接受理想化的標準，告訴他們一定要讓自己看起來、聞起來或感覺起來是如何，也能成功賣出商品。

還有很多其他的經營榜樣，都沒有鼓勵消費者使用更多產品、試圖成為某種樣子，或是不斷追求某種無法企及的標準。護膚界正在醞釀減法保養風潮。

艾迪娜．葛瑞格爾（Adina Grigore）是紐約獨立業者當中另一位耀眼新星，也是一個非常特別的案例，因為她不但放棄洗澡，還自己開設了護膚公司 S.W. Basics，經營理念是大部分人都應該減少對皮膚的護理。

「所以我想透過系列產品，告訴大家『別去管你的皮膚』，」她對我說，「儘量別管它就對了。」

三十多歲的葛瑞格爾最近離開紐約，來到丹佛經營她的小公司。如今任何一家主攻大眾市場的公司，若想推出號稱對肌膚沒有任何負擔的產品，最多大概就是做到像 S.W. Basics 系列產品這樣了。

S.W. Basics 最暢銷的產品是玫瑰水噴霧（品名就叫「玫瑰水」），以及一款針對乾性肌膚的臉霜（就叫「臉霜」）。葛瑞格爾以一段情感激昂的獨白，告訴我痤瘡造成她的自我認同困難以及控制問題，她是受到自己的健康狀況啟發，進而創業。

「當時我幾乎全身都長滿皮疹，」她說。醫生診斷為毛囊炎，於是她開始在全身上下塗抹類固醇乳膏，持續了整整兩年。專家通常不建議連續使用類固醇超過數週，雖然類固醇能有效抑制免疫系統，但是這種作用會帶來很大的影響。若是長期使用類固醇，會分解皮膚。據葛瑞格爾描述，她的皮膚確實明顯變薄了。

就像瑪雅・杜森貝利一樣，葛瑞格爾在這個時候決定要自己掌控一切。「我會在睡夢中抓癢，然後醒來時看到血跡斑斑的床單，我再也受不了這種情況。我在絕望之中心想，夠了，我花了這麼多錢，做了所有他們要我做的事情，現在我什麼都不要用了，我再也不要在皮膚上塗任何東西。」

她憶述，在短短幾天之內，「所有問題都改善了。」

如今，她在護膚產品中延續減法精神——為了那些喜歡香氣、享受保養，但是非常不想對皮膚造成負擔的人。她也坦言，任何人都可以在自家廚房輕鬆做出她所販賣的大多數產品。

葛瑞格爾的坦率沒有影響銷售量，而且或許正是她能以這股信念締造成功的關鍵所在。她靠著天使投資人提供的資金起家，最近已和美國大型零售百貨Target和Whole Foods食品超市簽下經銷協議。儘管這些業者經銷的產品多不勝數，能打入他們的通路仍然是一項傑出而令人艷羨的成就。就連皮膚科醫師也會直接販賣她的產品給病患，抽取售價的百分之一作為所謂的佣金。（醫生若對處方藥物抽成是不道德的行為，部分原因在於這種利益誘因可能會讓醫生開立處方的科學判斷有失客觀公正；不過，對護膚產品抽成就沒有這方面的爭議了。）

這些理想的曝光管道也讓葛瑞格爾無需打造強而有力的推銷話術（許多公司

仍要努力靠這一套在Instagram上吸引消費者），她可以繼續闡述她的信念：做得越少，效果越好。正如她對我說的：「別人都說有效的東西，你以為自己用也會有效，但其實可能不然。人都對自己和身體不夠有耐性，而且你到哪裡都會接收到這樣的訊息：『你不需要耐心等待，我就是能讓你一夕好轉的萬靈丹。』」

拋棄保養習慣之後，葛瑞格爾變得特別重視日常生活中會影響皮膚的其他事物：食物、睡眠和壓力。少了外用護膚品帶來的變因，更容易觀察到這些因素的影響。據她描述的經驗，減少使用護膚產品讓她能專注於護膚中很少被討論到的層面：保養皮膚之下的一切。這就是所謂的自我照護（self-care），說得更簡單一點，就是健康。

有這麼多人開始推出自己的護膚產品，或許顯得有些多餘或奇怪，不過促使他們採取這種行動的本能，也許是源自對目前市場根深蒂固的不信任感。市面上或許有不少誠實良善的業者，但是只要有幾個不擇手段的奸商，就足以毀掉消費者的信心。為了讓消費者恢復信心，黛安·范士丹和蘇珊·柯林斯兩位參議員二〇一七年在國會中跨黨派提出《個人護理產品安全草案》（*Personal Care Products Safety Act*）。當時，她們批評「這個產業價值高達數十億美元，然而最低安全標準卻是交由業界的每家公司自行判斷，這完全說不過去。」

兩位參議員更在《美國醫學會雜誌》（*JAMA Internal Medicine*）撰文提出警告：「在美國，沒有其他類型的產品像這樣受到廣泛使用卻又如此缺乏規範。」她們斬釘截鐵地結論表示：「疏於監督，已全面威脅到大眾的健康。」

草案內容僅規定這些公司必須為我們每天塗抹在身上的數百萬種產品清楚標示所含的**成分**——並非要求證明產品的安全性，只是要登記產品並標明內容物。若消費者回報使用產品後出現嚴重的不良反應，該公司必須呈報給ＦＤＡ。如果發現有許多消費者遇到同樣問題，ＦＤＡ有權要求製造商標示警語，若是產品造成嚴重問題，也有權限下令召回產品。

該草案也訂定了針對個人護理產品原料的獨立審核流程，並授權ＦＤＡ針對特定化學物質審查所有既有資訊，以判斷是否安全。若草案通過，ＦＤＡ每年必須根據消費者、醫學專家、科學家和業界公司的意見，對至少五種（才**五種**）化學物質或化學物質類別進行審查。

我詢問過很多人，大部分都很驚訝這些措施居然沒有一項是已經落實的，尤其是在這樣一個看似最強調純淨的產業當中。如果消費者無法取得完整的資訊，大環境又一面倒地對業者有利，消費者真能做出獨立自主的消費決策嗎？

數十年來，美容護膚產業成功讓大眾和立法者認為增設法律規範會讓產品價格上漲，而且不利就業。強制要求製造商測試產品會使基本產品的價格提高，因為企業會將這些成本轉嫁到消費者身上。這可能形同對肥皂徵收不合時宜、甚至有危險性的稅捐，因為肥皂對社會大眾來說攸關公共衛生。

此外，也有人擔憂法規會提高進入產業的門檻，讓新的競爭者難以打入市場。護膚產業獲得許多經營者的青睞，正是因為容易營造知識菁英氣息，以及進入門檻不高。小型公司可以生產少量產品，如果是有效果的好東西，自然會經由口耳相傳在市場上脫穎而出。護膚業是保健領域在民主化普及之下的最前線，因為權力不再集中於醫療權威手上。就法律層面來說，任何人都能入行。雖然有把關者，但是門檻低很多。消費者即使沒有健康保險或處方，也能使用這些產品。業者不需要經過訓練或背負幾十萬美元的學生貸款，甚至不需要支付多少日常開支，公司可以開在自己的公寓裡，靠著 Instagram 行銷產品。

很多消費者已經準備好面對這樣的權力轉移。皮膚醫學與其他醫療科別不同，患者往往能夠直接看出治療是否有效果。心臟科醫師開出降血壓或降膽固醇藥物，可能是為了降低患者幾十年後的死亡機率，但並不會改變患者當下的外貌或感覺。同樣地，只有腫瘤科醫師能夠評估化療對於癌症患者的療效。但是任何人只要照鏡子，就能對自己的膚況變化一清二楚。

健康歷程與溫納德十分相似的瑪雅．杜森貝利認為，醫生和科學家在過程中的角色不該是試圖取回知識主要執掌者的地位，或是把自己定位成唯一能斷定真相的權威人士。相反地，現在正適合打破醫界對於「主流」和「另類」的傳統二分法。我以前曾經用很老套的方式看待這些事物，以「有科學證明」跟「沒有科學證明」區分一切，然而事情其實比這種區分複雜得多。專家和權威機構或許有助於將事物分成四大類：明顯有用的、照理**應該**有用但尚未經過研究的、完全不合情理的，還有已經證明無效或有害的。

杜森貝利自認已準備好踏上貫徹極簡主義及試驗新產品之路，因為她是報導科學和醫學議題多年的記者。她寫過一本族群史的書，探討醫療體系對於女性的偏見，對於父權主義和無政府狀態兩者造成的問題都有獨到見解。

「一定會有不少為了分享健康和美容知識而形成的社群，能讓人們、尤其是女性團結起來，掌控這個長久以來由男性主導的領域。」她說。

的確，網路上充斥著相關論壇，還有許多護膚大師的帳號在引發論戰及建立追隨者。比方說，廣受歡迎的 podcast 節目 Forever35 就有在 Facebook 上經營一個私密社團，讓聽眾可以發表「關於個人護理與保養的看法」。這個社團的人數在我最近一次查看時已經超過一萬七千人，其中最熱門的標籤就是「護膚」，討論內容不外乎維生素C、痤瘡和其他在護膚領域常見的東西。社團內的討論氛圍大多是輕鬆而正面，將日常保養這件長久以來在私密空間進行、只會跟好友討論的事情，帶到公共空間交流。這樣一來，護膚保養帶來的社交身價（social currency）就不再只限於結果（最後外表變得如何），而是包含了過程。

方法就是聚焦在整體成本和效益上，在做得到的限度內，不讓他人左右你的價值觀。在淘汰各種產品多年之後，杜森貝利現在只用自己覺得能為生活加分的產品，而且不是因為覺得有必要使用，是為了滿足好奇心和愉悅感。她會噴玫瑰水，會擦蝸牛精華液。冬天時，她試過用牛脂當保濕乳霜，也用過奧勒岡州東部一位綁髒辮的藥草師親自獵熊製作的熊脂護唇膏。「我有時候會化妝，看心情而定，不是因為覺得有必要，沒有什麼是我每天都一定要做的。」杜森貝利說。她覺得以前有嚴重的痤瘡問題時做不到這一點。因為痤瘡經常讓人聯想到衛生習慣不佳，招致許多來自專家和社會的嚴厲批評。「在我們的社會，這根本是不可能的。」

很多人想要少做點保養、更簡單、更「自然」，但仍想保有例行清潔習慣所提供的基礎保養儀式、自我時間、社會意符以及社交連結。綜觀歷史來看，這些隨著護膚產品、保養習慣和信念所出現的社群，遠比任何產品還要更講求**潔淨**。

因愛用系列產品和品牌而產生的團結感和熱情，有時也可能在沒有這些事物的情況下形成。就像戒除某些癮頭的人因為放棄某些事物而建立情誼，環保主義者和投入「no-poo」（停用洗髮精）運動的人也在實踐放棄某些事物的同時找到認同。我發現，只要有人提出這個話題，其實不少人很想聊聊自己在衛生清潔方面的信念和行動。這個話題可以立即打破人際間的藩籬，就像在跟彼此分享幾乎沒有人知道的祕密，雖然實際上對方只是告訴我他們多久洗一次澡。我倒不建議大家把這個問題當成跟陌生人聊天的開場白，不過打破這種聊天禁忌，其實正是為挑戰這些該被質疑的標準跨出重要的一步。當你開始聽說其他人會做什麼、不會做什麼，會用什麼東西、不會用什麼東西，又有什麼受不了或非做不可的事情，所謂常態的標準就會隨之瓦解。然後，你就能專注於自己真正重視的事物了。

VI 縮減

在賓夕法尼亞州丘陵起伏的玉米田和印第安納州一望無際的玉米田當中，住著一群幾乎從來沒有氣喘、也絕少過敏的人。而且，所有可靠說法都指出，他們的膚質非常好。

晴朗的週日午後，雙線道的印第安納州州際公路本來車流十分順暢，卻突然慢了下來。路上有一輛馬車，全黑的車身上掛著反光的三角警示牌。這種情況在艾美許人（Amish）居住的鄉間很常見，你會發現馬車離你越來越近，因為你的車速是每小時一百一十公里，而馬車的時速是十五公里。在發生多次公路車禍之後，現在有些馬車已經裝上車燈，此舉雖然有違艾美許人不使用現代科技產品的傳統，卻能避免悲慘的死亡意外。

車速減慢，倒讓人有機會細看路邊那些賣家具、棉被、糖果的小攤位，還有那些穿著十九世紀服裝、在遠處田裡工作的人們。途中經過的幾棟白色木屋，後院設置了電話亭——這樣既能跟外界聯絡，又不至於讓外界**太過**容易接近。

過敏及免疫科醫師馬克・霍布雷克（Mark Holbreich）在印第安納州執業已有三十年，他注意到艾美許人除了低度使用科技的生活型態之外，還有一些特別之處。他在印第安納大學做研究，而我也是在這裡念醫學院。我們的醫院和診所都離印第安納州北部的艾美許聚落不遠，所以來就醫的艾美許病患人數並不少。

「我最先注意到的，就是他們的皮膚特別乾淨，而且看起來很健康。」他說。他也留意到，他服務的艾美許社區人口中氣喘和過敏的比例似乎很低，那些以為自己過敏而來求診的患者其實都不是過敏。「我們很少看到濕疹或皮膚問題。」他表示。

艾美許人約在兩個世紀前從瑞士移居美國，以嚴格保持族群血統純正聞名。霍布雷克很好奇，皮膚問題發生率偏低的原因是否和他們的基因有關，或者是跟他們的生活型態有關。他翻遍研究資料，發現有一些歐洲研究顯示，在農場長大的兒童罹患氣喘和過敏的機率比城市或市郊的孩子來得低。

二〇〇七年，慕尼黑大學兒童醫院的艾莉卡・馮・穆提烏斯（Erika von Mutius）

回顧了過去十年間對歐洲鄉村人口免疫系統功能所做的十五項研究，地點分布在瑞士、德國、奧地利、法國、瑞典、丹麥、芬蘭和英國。幾乎每一份研究報告都指出，在以農牧業為主的聚落，人們罹患花粉熱和過敏的比例都比較低。其中幾項研究還發現，「農場兒童」比「非農場兒童」不容易出現氣喘和對過敏原敏感化的情況（用引號標示不是因為我懷疑這個說法，而是我很喜歡這兩個用詞）。馮．穆提烏斯在《美國胸腔學會會刊》（*Proceedings of the American Thoracic Society*）上發表論文，認為從這些觀察中可以看出對免疫系統的「農牧效應」（farming effect）。

霍布雷克在他位於印第安納州的診所裡為一百多位艾美許兒童進行檢測，發現這些孩子罹患氣喘和過敏的比例只有百分之五，不但在美國兒童當中很低，甚至比瑞士還低：瑞士的農場兒童有氣喘和過敏的比例為百分之七，非農場兒童則是百分之十一。霍布雷克無法確定原因，不過他和歐洲研究者的看法相似，推測「幼年時期接觸到的微生物應該有所影響，我們認為這些微生物是經由吸入、吞食和皮膚表面接觸到的。」

為了驗證這個假設，霍布雷克與包括馮．穆提烏斯在內的許多研究人員合作，比較同樣以農牧活動為主、基因也很相近的印第安納州艾美許人和南達科他州哈特萊特人（Hutterites）的過敏比例。兩個教派在宗教改革時期起源於歐洲同一個地區，並同樣在一七〇〇年代到一八〇〇年代之間來到美洲。從當時到現在，兩個族群都維持著相當封閉的狀態，生活型態在許多方面也很類似，尤其是在可能對免疫系統有所影響的層面（不太在室內養寵物、通常以大家族的形式共同生活、飲食習慣類似、很少暴露在菸害和空氣汙染下，而且哺乳比例相對較高）。

二〇一六年八月，霍布雷克、馮．穆提烏斯和其他研究同仁在著名的《新英格蘭醫學雜誌》（*New England Journal of Medicine*）上發表研究結果，震驚了免疫學界。雖然兩組研究對象有許多相似之處，但艾美許兒童的氣喘比率較哈特萊特兒童少四倍，過敏比率則少了六倍。

研究人員認為，兩個族群的主要差異在於住家與農場之間的距離。艾美許兒童在成長過程中會大量接觸農場環境中的一切，包括動物、土壤，還有農人都會吸入的懸浮微塵和微生物。這樣的接觸從嬰兒時期就已經開始，因為父母在農場工作時會將嬰兒背在身上。

哈特萊特兒童的幼年經驗就不一樣了，他們不會直接接觸到農牧工作。哈特萊特人住在大型的共居設施中，中間是農場，個別住屋圍繞在四周。男人每天早上要出門工作，但是小孩不能跟著他們。哈特萊特人不排斥現代農業科技，所以比起凡事靠雙手的艾美許人，他們有許多工作已經高度機械化。

「艾美許人和哈特萊特人都很注重衛生，」霍布雷克明確表示就算他們會接觸到許多微生物，那些可以預防的傳染病在這兩個族群中發生率都不高——他甚至認為這樣的接觸，或許就是傳染病盛行率不高的原因。像是存在於某些細菌中的內毒素（endotoxin），就有刺激免疫系統的作用。研究人員發現，艾美許人住家灰塵中的內毒素含量是哈特萊特人住家的七倍。他們也觀察了兒童的免疫系統，發現免疫細胞的數量和種類出現「明顯差異」。

不僅如此，科學家還使用「電子集塵器」（吸塵器）收集兩個族群住家內的灰塵，噴入小鼠的鼻子裡。結果發現，比起安慰劑組的小鼠，接觸艾美許人住家灰塵的小鼠呼吸道較不敏感，體內與過敏相關的細胞含量也較少。

霍布雷克表示，他的祖母老是說「每天吃點土就會更健康」之類的話。他沒有去吃土，也不建議隨便讓小孩成群結隊去野外亂跑，當然更沒有要大家像我提議的那樣，把艾美許人農場裡的塵土打包起來當成治療過敏的神藥。「科學不是這麼回事。」他說。

科學可以告訴我們的是，人體和微生物之間的關係，遠比我們先前知道的更為複雜。

當身體的某個地方發炎時，整個身體都會知道。我們體內錯綜複雜、連結心臟和皮膚的白色體液管道，會將這個訊息傳遍全身。就像心血管系統中有血液在循環，淋巴系統裡面也有淋巴液在循環，載運免疫細胞流動。儘管淋巴系統對人體來說至關重要，我們卻很晚才發現這個系統的存在。

一六二二年，義大利科學家加斯帕雷．阿塞利（Gaspare Aselli）在解剖狗的時候發現，狗的體內有「乳白色血管」，裡面看起來好像有白色的血液。不過，他並不知道自己發現的是什麼東西。**這是怎麼回事，這隻狗是惡魔之犬嗎？還是說，這是第二個循環系統？所有動物都有白色和紅色的血液嗎？會不會還有其他顏色的血液？**與他同時代的醫生威廉．哈維（William Harvey）提出，人體也有一個運輸白色體液的管狀系統，跟心血管系統平行運作；後世稱之為「淋巴系統」，不過當時哈維還無法確切解釋這套系統的功用。

一直到一九六二年，來自牛津大學的病理學家詹姆士．高萬斯（James Gowans）在紐約科學院的會議上公布了他的發現，說明這種體液如何讓人體產生對抗疾病的長期保護力。他解釋，淋巴系統和心血管系統分別獨立，不過免疫細胞可以往返於這兩套系統之間。他描述的實驗過程，是將一隻大鼠的淋巴細胞注射到另一隻大鼠的靜脈中，高萬斯事先在這些淋巴細胞的腺苷（adenosine）做上記號以便追蹤，發現這些細胞很快就離開血管，進入他稱為淋巴結的組織中。

這些豌豆大小的組織是淋巴管的交會點，淋巴管遍布全身，當人體有地方被感染時，周圍的淋巴結就會湧入大量的白血球，腫成平時的好幾倍大。醫生在做身體檢查時，會觸摸病患的下顎附近，就是在檢查有沒有腫大的淋巴結。不過就算淋巴結沒有腫起來，平時每天也有數十億個白血球通過，這些白血球就是淋巴球。高萬斯說明，如果取出大鼠體內的淋巴球，大鼠會變成免疫力不全，無法在身體發炎時攻擊病菌。不過，若再把這些淋巴球注射到大鼠體內，牠們就能完全恢復對抗感染病原的能力。

淋巴球有時會出現在我們的血液中，有時會出現在淋巴結中，不過大多數時候都是在身體組織裡面執行監視任務。它們會尋找抗原，所謂的抗原通常是指進入體內或接觸體表的「外來」物質（可能是來自微生物，也可能不是）。一旦發現抗原，淋巴球會隨著淋巴液回到淋巴結裡通報消息。若是警報解除，它們就會平靜地繼續巡邏；不過要是發現有什麼不對勁，它們會和其他淋巴球聚集起來變成氣勢洶洶的軍團，前去攻擊抗原的來源，這個過程就稱為發炎反應。

發炎可能會致人於死，也可能救我們一命。結果是哪一種，取決於免疫系統有沒有持續進行校正，讓淋巴球知道該在什麼時候、用什麼方式對外來物質給予強烈的回應，而這需要經過長期的訓練。小兒科醫師面對喜歡恐龍的小孩，或許會這樣解釋：我們可以訓練免疫系統攻擊特定的目標，就像克里斯．普瑞特[18]用一大塊肉向迅猛龍指示攻擊對象一樣。這種有限度的接觸就是疫苗接種的基本原理，可以讓免疫細胞做好準備，能認出來意不善的入侵者並擊退對方。經過訓練的免疫細胞就像訓練有素的迅猛龍，在侏羅紀主題公園（身體）裡面奔竄搜捕目標，冷酷獵殺對方，但是並不會無差別地把所有會動的生物殺光。

和迅猛龍打過交道的人都知道，這種事情很容易出現嚴重差錯。我們的免疫系統和迅猛龍一樣強大，也會採取強硬攻擊。若是沒有適當訓練（認識應該要當成攻擊目標的抗原以及不需要發動攻擊的良性物質），免疫系統就很有可能攻擊無害的外來者，甚至是我們自己的細胞。侏羅紀公園裡的掠食性恐龍開始互相殘殺時，可以成就一部賣座電影；但是當免疫系統開始攻擊自己的身體時，就成了自體免疫疾病。

自體免疫疾病的起因，與遺傳傾向和出生以來接觸抗原的情況都有關係。有些人無論怎麼做都有可能得到自體免疫疾病，不過機率就算不是取決於免疫系統的接觸訓練，也多少脫不了關係。關鍵在於幼年的早期暴露。兒童的微生物群系在三、四歲左右就已確立，這時免疫系統也已完成大部分的訓練。就算某個人日後才出現自體免疫疾病，根據研究顯示，發炎反應的基礎仍是奠定於出生後的頭幾年內。

如今在相對富裕的國家，人們一生中往往有超過九成的時間是在室內度過。親朋好友來探望新生兒，得要用水洗手或是使用抗菌乾洗手液之後才能接觸孩子。室內空氣缺乏戶外空氣中能夠訓練免疫系統的各種細菌粒子。我們的飲食由各種過度加工和清潔的食品組成，新鮮蔬果也吃得不夠——蔬果上有豐富的細菌，平均一顆蘋果就含有一億個微生物。

凡此種種，加上我們為了保護自己和親人免於生病、為了讓自己看起來隨時都很體面「乾淨」，出於善意所採取的其他衛生措施，或多或少都影響了免疫系統的發展。

這個概念很慢才傳播開來，不過它的種子早在幾十年前就已經種下了。一九八〇年代，當時在倫敦衛生與熱帶醫學院工作的流行病學家大衛・史卓肯（David Strachan）開始著手研究接觸黴菌是不是造成氣喘的元凶。沒多久他就發現，氣喘

譯註18　克里斯・普瑞特（Chris Pratt）：《侏羅紀世界》（*Jurassic World*）系列電影男主角。

的成因比任何一種家庭病媒都要複雜得多。就像接觸微生物可能會染上某些疾病，不接觸微生物也有可能導致某些疾病。

根據一項對英國兒童所做的全國性調查，史卓肯發現嬰兒的兄姊人數越多，在成長過程中越不容易出現濕疹和花粉熱。第一胎約有一成會過敏，相較之下，有兩位兄姊的小孩過敏機率只有第一胎的一半；有四位以上兄姊的孩子，過敏機率又再降一半。也就是說，第一個出生的孩子過敏機率是第五胎的四倍以上。

每個接觸過小孩的人都知道，小孩基本上就是自走式病毒細菌散播機。史卓肯認為，如果家中孩子越多就代表傳播的病菌越多，那麼幼年時的感染經驗或許能讓人比較不會得到過敏性疾病。

他這套推論後來被稱為「衛生假說」（hygiene hypothesis），得到許多科學家的認同，因為能合理解釋已開發國家近年來為什麼出現越來越多過敏性疾病的患者：家庭規模越來越小、越來越疏離，兒童得到傳染病的機率持續降低，而且大部分人都採行人類有史以來最嚴格的衛生清潔措施。

抗生素更是醫療史上革命性的產物，讓從前形同死劫的傳染病不再致命。也是因為抗生素的出現，過去一世紀以來，造成死亡和殘廢的主因從傳染病變成了癌症、心血管疾病、糖尿病，以及其他與肥胖和長期久坐有關的代謝疾病。同時，由於現在許多人與外界物質接觸不足，似乎也讓某些慢性病變得更容易產生。

背後的根本概念在於，我們的免疫系統接觸良性物質、學習如何反應的機會變少了，結果就是免疫系統比以前更容易攻擊自己的身體。這可以解釋為什麼花生過敏和麩質不耐症的人數近年來明顯增加。如今，有些地方每四個小孩就有一人患有濕疹。以前花粉熱少見到被認為代表時髦、象徵地位與財富，因為幾乎只有能久居室內的菁英階層才會得這種病，而經常接觸大量花粉的農民幾乎都不會得到。自從一九五〇年代之後，花粉熱、多發性硬化症、克隆氏症（Crohn's disease）、食物過敏、第一型糖尿病以及氣喘的盛行率全都增加到近乎三倍。

很顯然，自體免疫和過敏性疾病的患者都隨著工業化同步增加。現在西方國家學齡前兒童的食物過敏盛行率已經高達百分之十，中國等快速發展中的國家也在增加當中。第一型糖尿病在歐洲和北美洲遠比其他地區更為常見，全歐洲的兒童發病率更是每年增加百分之三以上。潰瘍性結腸炎和克隆氏症在西歐的盛行率是東歐的兩倍。

為了測試減少暴露與工業化對這些疾病的影響，科學家們在二〇〇八年開始了一項指標性的研究：在基因背景相近、但過敏和第一型糖尿病盛行率有顯著差異的三個國家追蹤當地兒童的長期狀況，這三國分別是已經工業化的芬蘭（兩種疾病的比例都很高）、正在快速現代化的愛沙尼亞（兩者的比例都在增加中），以及俄羅斯（兩者的比例都相對偏低）。在兩百名受測兒童出生後三年內，研究人員每個月都會檢測他們的糞便樣本，發現芬蘭和愛沙尼亞幼兒的腸道菌叢與俄羅斯幼兒有明顯差異，這可能就是導致疾病盛行率有別的原因——也就是說，關鍵不在於基因差異，而是暴露多寡的不同。

不過，隨著相關證據越來越多，有些專家開始擔心因此衍生出個人衛生是多餘行為的看法。其中的莎莉・布隆菲爾德（Sally Bloomfield）就自稱為衛生擁護者。她是倫敦衛生與熱帶醫學院的名譽教授，而這所學院也是史卓肯發展出理論的地方；我在電話上提起「衛生假說」時，幾乎可以聽到她打了個冷顫。她擔心這個詞容易招致誤解，被解讀成所有個人衛生行為都是不好的，這樣恐怕會讓我們倒退回工業化之前傳染病大爆發的時代，雖然這些傳染病如今已比較少見，仍有可能造成災難性的大流行。

布隆菲爾德就跟許多研究衛生學的科學家一樣，和肥皂產業有合作關係——她曾在陽光港為聯合利華工作過七年。瓦兒・柯蒂斯有幾項研究也是由產業界出資，她亦曾與寶僑、高露潔－棕欖和聯合利華合作推廣洗手觀念。我特別說明這些，是為了資訊透明，並非暗指忠於知識的合作關係不存在。布隆菲爾德提倡的是一種經過評量的作法，她稱之為**重點式**衛生行為（targeted hygiene），著重在最能預防疾病傳播的個人衛生行為。比方說，她呼籲要經常洗手，建議擦手巾應每天換洗，不過同時她也認同每天泡澡或洗澡並非絕對必要。她坦言，人類才剛剛開始了解我們應該暴露在哪些東西之中、不應該暴露在哪些東西之中——我們應該要清洗掉什麼，而該歡迎的又是什麼。我們所面對的挑戰是達到健康的平衡，而非只是講求做得多或做得少。

我提出有關過度清潔的問題，布隆菲爾德則提出相反的看法；她指出，整體來說人類越來越長壽，身體健康的歲數也增長。就算我們確實過度清潔，且因此衍生出一些新的問題，但活得更久難道不是最重要的嗎？

離開艾美許人的鄉間社區，我前往芝加哥郊外一座門禁森嚴的神祕設施，名叫阿貢國家實驗室（Argonne National Laboratory）。阿貢國家實驗室是一個非常龐大的官方設施，園區內有許多建築群，分成四百區（Area 400）、五百區（Area 500）等。美國聯邦政府在一九四二年設立這座實驗室，屬於曼哈頓計畫（Manhattan

Project）早期的一部分。

一名荷槍實彈的警衛在柵欄門前向我招呼，詢問來意。我說我是個好奇的納稅人，但她沒有笑，只是要我掉頭去保全室做安全檢查。他們搜完我租來的車子，終於開門讓我進入迷宮般的園區。我一直在觀察有沒有蛛絲馬跡能看出這裡是隱藏著什麼政府陰謀，所以門禁才如此森嚴——像是一袋不小心遺落在路邊、屬於類人生物的器官，或是被忘在空地上亂晃的軍用級懸浮滑板，又或者是遠處傳來的瘋狂科學家笑聲。

我後來得知，除了長期保密的核武研發工作之外，阿貢國家實驗室的化學專家也發現了第九十九號和第一百號元素，並且是第一個將微中子可視化的團隊。這裡曾有一座稱為「零梯度同步加速器」（Zero Gradient Synchrotron）的質子加速器，可以讓物理學家追蹤次原子粒子，還有全球第一座可自行對燃料進行再處理的核子反應爐，能夠減少核廢料，並避免像車諾比和三哩島那樣的災害再次發生。如今，阿貢國家實驗室的研究人員仍然肩負國防工作，包括研發應對生物恐怖攻擊和網路攻擊的防禦措施。

這裡也是傑克・吉爾伯特（Jack Gilbert）研究人體皮膚和腸道微生物的地方。我終於找到前往他研究室和辦公室的路，那棟建築物外觀像座倉庫，我一踏進門，掛著許多雙股螺旋和病毒插畫的長廊盡頭就傳來喊我名字的聲音。吉爾伯特揮著手，蹦蹦跳跳地向我跑來。當你太早跟別人打招呼，又一時不知道要說什麼或是應該要跟對方眼神接觸的時候，就會陷入一段像這樣的空白。

他穿著牛仔褲、運動鞋和咖啡色T恤，鬍子沒刮，頭髮也亂亂的。他身上沒有明顯的臭味，看起來也沒有不健康，比較像是根本不在乎我會怎麼看待他的外表，因為他忙著煩惱更重要的事情，而且他從起床開始就在忙。換句話說，他就是個道地的科學家。

吉爾伯特在微生物群系領域算得上是奇才。我們見面時他四十一歲，已經是芝加哥大學的正教授，帶領五間附屬的微生物學實驗室，包括位於阿貢國家實驗室的這一間。他也是馬克・霍布雷克和艾莉卡・馮・穆提烏斯那份艾美許人過敏研究的共同作者。

「沒錯，我會洗澡。」他開門見山地說，「我是有在洗澡，雖然我知道洗澡可能有什麼影響。我沒有每天洗，洗的時候也不太用肥皂，有時候會用洗髮精洗頭，不過我是用非常非常溫和的洗髮精。」

吉爾伯特指出，我們身上隨時都覆蓋著微生物——就連洗澡的時候也不例外。把皮膚上的微生物清除掉，只不過是清出空間給更多微生物（包括病菌）藏身。如果把皮膚想成在家開派對（大家常這樣吧），假設家裡可以容納二十位客人，你會想邀請二十個你好歹還算喜歡的人，不要把位置留給你不喜歡的人——那些會鬧到半夜、隔天索討早餐，然後把浴室弄得一團亂、清光冰箱庫存，最後還把你家房子燒掉的人。

就算我們獨自生活，什麼都不碰，還是會沾染上細菌。「連我們呼吸的空氣裡面都有微生物，」吉爾伯特解釋道，「如果附近有霧霾，你吸入的空氣粒子會孳生出很不一樣的細菌和真菌。就算那些微生物不會導致流感之類的疾病——通常是不會啦——牠們還是會刺激身體的免疫系統。」

他說明，在北京，如果你在發生霧霾的時候打開窗戶，懸浮微粒所孳生的細菌和真菌有可能屬於高病原性，也就是很容易讓人生病。大量吸入身體以前沒有接觸過的陌生微生物，也有可能促使自體免疫疾病發作——就像食物過敏那種失控的過度反應。燃燒化石燃料所產生的空氣懸浮微粒，很容易滋養細菌和真菌。吉爾伯特強調，吸入帶有微生物的空汙物質，「完全不是我們祖先習慣的那種微生物暴露。」

在我抵達前不久，吉爾伯特才剛跟寶僑公司通過電話；他正在與寶僑合作研究如何改善居家空氣品質。雖然沒有人想要吸入霧霾，但經過嚴密過濾、不會吸到任何微生物的生活環境可能也不理想。

吉爾伯特基本上主張要取得平衡：「我必須讓小孩接種疫苗，因為我不希望他們死掉。我必須教他們上完廁所要洗手，以防感染流行的細菌或病毒而生病。但我需要在每次煮完飯之後消毒廚房的所有檯面嗎？如果有切雞肉什麼的，是可以用溫水加肥皂擦洗，但是需要消毒嗎？不用。」

他解釋，如果真的想殺光廚房檯面上的所有細菌，必須讓消毒劑（例如高樂氏的殺菌產品）停留在表面上十分鐘。若是像一般人那樣擦個一兩下，不可能如產品宣傳所寫的「殺死百分之九十九點九的細菌」。

對於這件事情，大家在觀念和作法上都被誤導了。然而對於我們生活的影響程度，現在才開始明確起來。

「你知道 Lifebuoy 吧？」路易斯．史匹茲這麼問我，語氣聽起來不是真的在詢問，而是認為我知道。

我坦言我不曉得那是什麼，他瞠目直瞪著我的眼睛，伸出一隻手指在我鼻子前搖了搖。

「你應該知道 Lifebuoy 吧！你是個醫生，還在寫關於肥皂的書，居然不知道 Lifebuoy？」他激動地說，「你這樣不行。」

他急忙領著我穿過他家地下室雜亂的肥皂史料，走到一排路面電車的廣告牌前。一八〇〇年代晚期的路面電車，窗戶上方都有金屬溝槽可以放置產品廣告牌（現在紐約地下鐵裡面也有類似的版位，展示 Perfectil 和其他商品的廣告）。Lifebuoy 健康皂的電車廣告與眾不同之處，在於聲稱具有醫療效果。其中一個廣告牌上面，站著面露微笑的一家人，旁邊寫著大字：「使用 Lifebuoy 的家庭，比較不會感冒和生病發燒。」在還沒有抗生素、發燒疾病經常致命的年代，這樣的說法並不會引人嘲笑。另一個廣告牌上面是一個女人對著小孩說：「我的孩子們在吃飯前一定要先把手**洗乾淨**。」

史匹茲表示，Lifebuoy 比任何品牌更賣力塑造肥皂形同藥品的觀念。這些文案，加上隱含救生圈意象的 Lifebuoy 品牌[19]，明確地將肥皂引進「保健」的世界。在菌源說仍是新概念的時期，Lifebuoy 和後來效法其道的其他品牌對於推廣這個觀念，比科學界還更不遺餘力。

利華兄弟公司於一八九四年在英國推出 Lifebuoy，產品中的有效成分石碳酸是一種提煉自煤焦油的化合物，英國醫生約瑟夫．李斯特（Joseph Lister，個人清潔品牌李施德霖〔Listerine〕的名稱就是由他而來）發現這種物質可以作為手術室裡的消毒劑。也是因為石碳酸，讓 Lifebuoy 的肥皂呈現獨特的紅色。Lifebuoy 沒多久就開始在美國生產這種肥皂，宣傳該產品是「健康好朋友」和「救命之物」。到了一九一五年，產品更名為「Lifebuoy 健康皂」（Lifebuoy Health Soap），廣告中更首次使用（就我能找到的資料來看）如今無所不在的「皮膚保健」一詞。

這款肥皂賣得很好，尤其是因為它上市時正好遇到一九一八年的流感大流行，疫情造成約五千五百萬人死亡。由於和保健的強烈連結，Lifebuoy 至今仍是世界上最暢銷的肥皂之一（雖然現在的產品已不含石碳酸，也已經不在美國販售）。Lifebuoy 是聯合利華在印度最大的品牌，主打能預防造成胃炎、眼睛發炎和呼吸道感染的病菌。

雖然 Lifebuoy 現在的行銷定位仍然和當年的保健抗菌廣告文案一致，不過一九二六年發生在更衣間的一樁事件，對這個品牌產生了深遠的影響。據史匹茲描述，某個炎熱的日子，利華兄弟公司當時總裁的兄弟打完高爾夫球後走進更衣間，

譯註19　Lifebuoy 本身就是救生圈的意思，其品牌標誌也是以救生圈常用的紅白兩色構成。

結果「對裡面那股強烈的味道大為反感。」這就是那種「啊哈！」一聲靈光乍現的時刻，感官系統被某種可怕的氣味衝擊，讓人感到非得找出解決對策不可。

Lifebuoy沒多久便推出第一個針對「汗臭味」的廣告，這個詞很快就拓展為「身體異味」（Body Odors），接著更演變成簡稱「體味」（B.O.）。史匹茲解釋，Lifebuoy是讓「體味」這個概念普及化的主要推手（至今仍是廣告用語），這點讓它一舉成為肥皂業的主要品牌之一，在一九二六至一九三〇年之間銷售量增長四倍。

去除體味的觀念非常有說服力，廣告暗示的連結性又極強，使得本來沒有體味問題的人也跟著買單，把它當成是預防性的措施。這種建立在不安全感和恐懼上的行銷手法，日後更成為業界的常態。

Lifebuoy的「除臭皂」一詞後來演變成「香體皂」，並且和清洗用的肥皂一樣成為人們每天都會使用的獨立產品。人們自以為身上有異味是細菌造成的，所以要使用含殺菌性化合物的肥皂來防止出現異味。

這是一種行銷概念，而非科學觀念，不過其他企業家也留意到了。眼看Lifebuoy崛起，位於芝加哥的肉品包裝公司Armour也決定跨足香體皂事業。由於本業會產生廢棄的動物脂肪，Armour公司幾年前就已開始製作肥皂。該公司在肥皂中加入六氯酚（hexachlorophene），並宣稱經測試證明這種成分可以減少體味。一九四八年，Armour公司推出Dial肥皂。這個名字有「鐘面」之意，業者宣稱使用後能「全天保持氣味清新」，並推出第一個標榜「在出現異味前終結異味」的廣告。

根據史匹茲所述，在上市三年之後，Dial超越Lifebuoy，成為最受歡迎的抗菌肥皂。Armour公司在廣告上下了重本，頭兩年虧損高達三百萬美元，不過一九五三年已經達到四百萬美元的利潤。美國人深受標榜能消滅病菌的功效吸引，使得Dial成為全美最熱銷的肥皂。

不僅如此，Dial還獲選為第一個「太空時代肥皂」。太空人艾倫・雪帕德（Alan Shepard）在一九六一年執行美國歷史上第一次載人太空飛行任務時，就帶著一塊Dial肥皂。在那之後，這股趨勢自然是回不去了。我們就算上了太空，還是要在洗澡時消滅身上的細菌。

不久，寶僑公司也加入規模不斷擴大的香體皂市場。一九六三年，該公司推出Safeguard全新香體抗菌皂（New Deodorant and Antibacterial Soap），其中含有一種叫做三氯卡班（triclocarban）的抗生素。儘管已有研究顯示使用含六氯酚的肥皂和香體皂會讓這種化合物累積在使用者的皮膚上，但當時還沒什麼人想到要質疑每天使用抗生素是否明智。到了一九七〇年代，有其他研究發現六氯酚可能會透過皮膚被人體吸收，進而影響神經系統。

一九七二年，FDA公告召回六氯酚含量超過百分之零點七五的消費性產品，然而FDA手上並沒有含六氯酚的產品清冊與含量紀錄。當時是由業者自發向FDA揭露產品成分，而且至今依然如此。據某位歷史學家表示，在FDA宣布召回時，每年用於醫療和美容產品的六氯酚產量約有四百萬磅（約一千八百公噸）。

在六氯酚災難過後，六氯酚由另一種叫做三氯沙（triclosan）的殺菌化合物取代。相關產品廣告宣傳的功效完全相同，只是加上了保證不含六氯酚的字樣——就這樣，生意還是照樣做下去。三氯沙成為標示「抗菌」的液態皂中常見的成分，也常用於製造其他消費性產品，包括衣物、廚房用具、家具和玩具。數十年來，我們不斷把這種物質抹在手上、倒進排水管，任由它在水資源和土壤中累積。

動物實驗顯示三氯沙會改變某些荷爾蒙的作用，讓許多人開始擔憂使用後對人體造成的影響。根據二〇一四年發表在知名期刊《美國國家科學院院刊》（*Proceedings of the National Academy of Sciences*）的一項研究，使用某些抗菌肥皂甚至可能促使肝臟腫瘤變大，而罪魁禍首可能就是三氯沙。當時人們已經知道三氯沙與兒童過敏有關，此外，容易引起乳癌、甲狀腺功能異常及體重增加的荷爾蒙信號干擾，與三氯沙也不無關聯。

但是到了二〇一四年，要防止任何人接觸三氯沙已經為時太晚，就算知道要檢查成分並避開這種物質也一樣——更何況許多人不會這麼做。事實上，大多數人都以為多花點錢購買抗菌皂對自己是**有益**的。

「引起我們注意的原因，是三氯沙的量實在太多了，」在這項研究中擔任首席研究員的加州大學聖地牙哥分校教授羅伯特．圖基（Robert Tukey）當時這樣告訴我，「三氯沙在環境中真的無所不在。」

由於使用三氯沙製作的產品已經廣泛使用多年，三氯沙已成為溪流中最常測出的物質之一。在二〇〇九年的全國性健康調查中，美國疾病管制與預防中心（Centers for Disease Control）的研究人員發現有四分之三的受試者尿液可驗出三氯沙。在二〇一四年做的另一項研究中，研究人員也發現受測的布魯克林孕婦尿液中全都含有三氯沙。

「我們的意思不是三氯沙會致癌，」圖基謹慎點出其中的差異，「我們是指在持續暴露的情況下，這種到處都有的環境用藥可能會使腫瘤變大。」

一直到二〇一三年，FDA才告知抗菌皂製造商，他們必須為抗菌清潔劑有益的說法提出實證。FDA在聲明中表示：「雖然消費者大多將這些產品視為防止病菌傳播的有效工具，但是目前沒有任何證據能證明這些產品比用一般肥皂和水清洗更能預防疾病。」

肥皂製造商幾乎沒有提出任何有效證據。經過漫長的審議過程，FDA最終明文規定市售肥皂不得添加三氯沙、六氯酚和其他十七種「抗菌」成分，因為這些成分缺乏安全無害的證據（卻有很多有害的實證），並且在二〇一七年禁售這些原料。

問題不光是出在宣稱能夠殺菌的產品，我們還讓自己和環境暴露在有抗菌性質的防腐劑中。舉例來說，屬於合成防腐劑的對羥基苯甲酸酯（paraben）從一九五〇年代起就廣泛用於個人衛生和美容產品中，例如體香劑、化妝品、牙膏和洗髮精，此外也常見於各種包裝食品。你會在成分標籤上看到對羥基苯甲酸**甲酯**（*methylparaben*）、對羥基苯甲酸**乙酯**（*ethylparaben*）、對羥基苯甲酸**丙酯**（*propylparaben*），或對羥基苯甲酸**丁酯**（*butylparaben*）。這些物質之所以經常添加在各種東西裡，是為了讓食品和個人衛生產品更容易保存，讓世界各地的消費者都買得起、買得到。

儘管用意值得稱許，實際上卻導致今天每個人的血液中都含有對羥基苯甲酸酯。一般來說，個別產品通常只含微量的對羥基苯甲酸酯，不會超過FDA所規定的「安全用量」，也不至於產生足以察覺的威脅。令人擔憂之處在於數十年以來，我們透過各式各樣的產品累積了多少暴露量。許多環境健康專家都表示暴露量可能會超過身體負擔，造成各種健康問題。雖然無從確知會造成多大的傷害，但相關研究已經發現對羥基苯甲酸酯與罹患乳癌的風險及生殖毒性有關，因為對羥基苯甲酸酯會模擬雌激素的作用。

對羥基苯甲酸酯本來就是為了抗菌製造出來的化合物，能夠殺死多種細菌和真菌。所以問題並不是這些產品和相關用途是否影響到我們的微生物群系和免疫系統，而在於這些影響有多大。美國國家過敏和傳染病研究所的研究人員已經發現，含有對羥基苯甲酸酯的產品會阻礙黏液玫瑰單胞菌（*Roseomonas mucosa*）在健康皮膚上生長。這種細菌似乎有助改善皮膚的屏障功能，而且可以直接殺死濕疹發作時大量增生的金黃色葡萄球菌（*Staph. aureus*）。研究人員在二〇一八年提出警告，擔心在連鎖效應之下，對羥基苯甲酸酯可能會讓濕疹發作機率提高。

然而，要明確知道對羥基苯甲酸酯對我們的微生物族群造成什麼影響是不可能的事情，一來是因為我們的微生物群系非常多樣而複雜，二來是無法肯定有誰體內完全不含對羥基苯甲酸酯。公衛倡議者對ＦＤＡ施加壓力，希望禁止美國國內販售含對羥基苯甲酸酯的產品。歐盟已在二〇一二年禁售對羥基苯甲酸酯產品，然而從產業界對於美國政界立法的影響力來看，要效仿歐盟似乎很難。

像對羥基苯甲酸酯這樣的抗菌防腐劑，的確預防了無數食物中毒的案例發生，並減少許多浪費，所以這些化合物並非一無是處。不過，這確實是一記警鐘，提醒我們將抗菌產品使用在皮膚上可能產生長期累積的影響，更不用說讓它們深入環境的每一個縫隙了。

如今已是倫敦大學學院醫用微生物學教授的葛雷姆．盧克（Graham Rook），長期以來致力鼓勵人們接觸體表和體內的多樣化生物——並對其抱持珍惜之心。二〇一六年，他跟另外五位傑出的免疫學家和傳染病專家共同發聲，認為是時候摒棄「衛生假說」一詞了。他們提議將這個詞替換成「老朋友」（old friends）假說或「生物多樣性」（biodiversity）假說，重點在於強調許多微生物與其說是我們的敵人，不如說牠們就只是**存在**於我們身上而已。人體之所以有這些微生物，可能是因為牠們對於其他微生物的存續具有某種作用。這些微生物和我們一起演化至今，就算有些稱不上是我們的朋友，也可能是朋友的朋友，或是朋友的朋友的朋友。

生物多樣性假說並不是否定**保持個人衛生**，而是認為減少微生物種類不妥——我們經由演化適應了暴露在微生物當中，包括病菌、有益微生物和無害微生物，而現代的發炎病症和自體免疫疾病都跟我們太少接觸這些微生物有關。除了清洗和使用抗菌產品讓我們身邊的微生物減少，從各方面來講，現代人類幾乎都遠離自然、生活在滅菌環境中，我們所居住的世界，可說是太過**乾淨**了。

盧克在 Skype 上邊喝咖啡邊告訴我，幼年接觸及經常暴露在微生物中，能訓練免疫系統對威脅採取適當的反應：「已開發國家的兒童並不是幼年時沒接觸到足夠的病原，而是他們能接觸到的微生物世界比起以前受限太多了。」

母體的微生物會在分娩時進入嬰兒腸道，媽媽的免疫細胞也會藉由母乳運輸給孩子。嬰幼兒每一次與家人接觸、在室外土地上玩耍、被狗兒舔拭還有跟朋友分享玩具的時候，都會持續拓展微生物群相。這些微生物影響著發育中的免疫系統，在人出生後的頭幾年，免疫系統就像才剛做好、還熱騰騰的肥皂一樣具有可塑性。

科學家已發現剖腹產與過敏和氣喘的風險提高有關，飼養寵物可能有助預防過敏及氣喘，而在幼年時期使用抗生素（除了致病微生物之外也會殺死更多其他的微生物），與氣喘、牛奶過敏、發炎性腸道疾病（ＩＢＤ）及濕疹有所關聯。盧克認為，乾淨確實是問題的成因之一，不過除此之外，改變我們腸道菌叢的低纖維飲食習慣和改變人體內外微生物的抗生素，影響程度也不惶多讓。

尋找老朋友並不代表要讓自己暴露在得到傳染病的危險之中。近年來出現許多小型社群，主張以刻意感染寄生蟲等方式來刺激免疫系統，希望能藉此治療自體免疫疾病。這種想法很有意思，但是並沒有得到任何正式醫療機構的認可：可以確定有風險，至於能否帶來益處還是個疑問。同樣地，我不認為大家應該要對著別人的臉打噴嚏。這是常識。而且吸入噴嚏飛沫也不是我們感染呼吸道病毒的唯一途徑。流感和其他病毒造成全球數百萬人死亡，但是只要洗手，就能阻斷其中大多數疾病的傳播鏈。

然而，過度隔離和清除病菌會產生壞處，過度使用肥皂和抗生素也一樣。目前最好的方式是把個人衛生行為看得跟藥物一樣——在某些情況下極為重要，不過也很有可能做過頭。接觸微生物亦是同樣的道理。在從前，接觸微生物的風險遠比過度清潔要大得多；但是如今在世界上大多數地方，情況正好相反。那麼，多少接觸才算是健康的？要如何在不影響安全的情況下達成？

珍妮．萊蒂馬基（Jenni Lehtimaki）是皮膚微生物群系研究圈中的明日之星，她的研究重點在於釐清微生物是如何調節我們與環境的關係。

她的研究小組在芬蘭赫爾辛基大學，是第一個證明皮膚微生物族群能對身體產生廣泛影響的團隊。萊蒂馬基將小鼠暴露在放線菌（*Actinobacteria*）之中，透過追蹤發現免疫反應受到細微但可測得的影響。

萊蒂馬基本來是生態學者兼演化生物學者，她發現皮膚微生物跟過敏以及生活環境有關，於是將研究重心轉向皮膚微生物。在最近一項研究中，她和團隊同仁觀察居住在芬蘭都市和鄉村的狗，發現住在鄉村的狗出現過敏症狀的風險較低。不過，關鍵似乎不只在於地點。生活型態因素，像是狗在戶外活動多久、是否有跟其他動物互動，也與過敏保護力有關。

萊蒂馬基認為，生物多樣性假說代表微生物是塑造免疫系統的關鍵因素。根據早期研究顯示，要永久改變人體的微生物群系非常困難，但是每個人都會受到短暫接觸的微生物影響。就算這些微生物不會一直跟著我們，也會透過皮膚和腸道內壁刺激免疫系統。

在實際上，這些發現顯示維持健康的接觸（以及健康的免疫系統）是個持續而動態的過程。應該沒有人能過著與世隔絕、在淨化過空氣的摩天大樓裡足不出戶的日子，只靠每天吞個膠囊來維持微生物群系的多樣性。我們早就知道某些生活型態因素與保持健康有關，但不確定是為什麼，而萊蒂馬基的研究說明了原因。接觸自然（養寵物、多人共同生活、與大自然互動）會影響我們的微生物群，這樣的生活方式基本上就是拓展你的微生物群系。

跟你住在一起的人，身上的微生物群系也會和你有共通之處。根據滑鐵盧大學在二〇一七年的一項研究，伴侶同居之後會開始擁有類似的微生物群系。這項研究的方法是用拭子從同居和非同居伴侶的皮膚上採集樣本，首席研究員喬許．紐菲爾（Josh Neufeld）運用機器學習技術，根據微生物菌相推測哪些樣本屬於同居伴侶，準確率高達百分之八十六。他告訴我，同居伴侶的腳部微生物往往最相似，大概是因為我們走在家中地板上時會踩到相同的微生物。與別人同居的人通常微生物群相較為多樣化，還有飼養寵物、少飲酒、常運動的人也是。

艾美許人研究的共同作者霍布雷克向我指出：「如果觀察原住民部落，就會發現他們的微生物群系和城市居民很不一樣。而且，若是讓部落原住民搬到城市裡生活，他們的微生物群系會在幾天之內改變。整個家庭改變，整間房子也會改變——微生物群系可說是一種非常活躍而變動的器官。」

萊蒂馬基正在研究如何調整居家和辦公環境中的微生物群相，藉此增加接觸到的微生物。她的方法很務實：「大家都很懶，不想多做什麼，那或許可以設法把微生物帶進家裡。」有些研究人員已經嘗試過利用地毯將「有益微生物」送進人們家中。

有種東西跟地毯很類似，不過會走動又懂得愛人，那就是狗。萊蒂馬基研究芬蘭的狗，發現如果狗對某物過敏，主人過敏的機率會比一般人高，原因可能是他們處於同樣的微生物環境中。

多接觸自然環境，似乎也對健康有更全面的影響。許多研究發現，接觸綠地環境與自覺健康狀態、生產結果和罹病率降低有關。二〇一八年所做的一份整合分析顯示，從數據上可以看出暴露於綠地環境與降低血壓、心率、皮質醇濃度、第二型糖尿病發生率和心血管疾病死亡率之間有顯著關聯。

戶外運動或許也能帶來健身房無法提供的健康益處。戴安娜・鮑勒（Diana Bowler）和團隊同仁在英國做了許多相關研究，他們比較在「自然」和「人造」環境中運動的影響，發現在戶外跑步或步行「可能比在人造環境中從事相同活動更有益健康」。另一項對步行運動族群所做的整合分析則顯示，相較於室內步行者，室外步行者的血壓和體脂肪率明顯改善許多，研究人員因此得出結論：「在綠地或自然環境中步行所帶來的健康助益，可能大於在都市環境或跑步機上步行。」

學界提出各種理論來解釋這些發現，包括在戶外活動有助於改善情緒等等。不過萊蒂馬基特別有興趣的，是與微生物的接觸在這些影響中發揮了什麼樣的作用。科學界目前所知仍十分有限，而她告訴我，她本人是盡其所能去接觸自然，並且盡量少用抗菌產品。她很少使用香體皂，也避免使用乾洗手液。她洗澡的方式也跟大多數的微生物學家一樣，洗得很節制。

VII 揮發

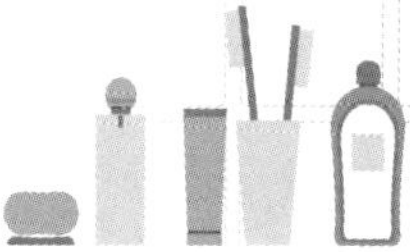

後車門打開了，克萊兒．葛斯特（Claire Guest）的老黃金獵犬黛西卻沒有像往常一樣立刻跳下車。牠反常地坐在那裡，歪頭盯著這位年輕的科學家看。

「牠有點警惕，」葛斯特回想當時的情況。「好像有什麼事情讓牠很困擾。」那是二〇〇九年某個晴朗的午後，住在倫敦的她和狗兒像往常一樣要到附近的公園散步。「牠抬頭看著我的眼睛，我問牠：『怎麼了？』」

當時三十三歲的葛斯特是個醫療研究員，她的工作領域相當冷門，是研究狗能不能聞出癌症；這個概念存在已久，但人類對此了解甚少。她讀過許多傳聞紀錄，歷來有不少寵物在主人生病時出現反常行為的例子。身為生物學家，葛斯特想要進一步了解這些狗到底察覺了什麼。

黛西是研究計畫的一部分。基於不用犬舍的原則，所有參與計畫的狗兒都有家可歸，由多名志願者和家人照顧，而黛西過去一年都和葛斯特住在同一個屋簷下。

看到黛西的反應，葛斯特呆住了。就在幾天前，她在胸部摸到一個小小的腫塊，不過她還年輕，並沒有放在心上。這時她忽然明白是怎麼回事了。組織切片檢查的結果，證實是乳癌。

當然，葛斯特從來沒想到有一天黛西會發現她長了腫瘤。發現腫瘤之後，這項新奇的學術研究變成了讓她全心投入的使命，她想要找出現代醫學缺少的那塊重要拼圖到底是什麼。

葛斯特的癌症病情已獲得控制，她把所有工作時間都用於研究能發現癌症和其他疾病徵兆的狗。她創立了一個叫做醫療偵查犬（Medical Detection Dogs）的研究機構，其中有一個生物檢測部門，負責檢驗拭樣或檢體，另有一個輔助部門，負責訓練狗兒如何與人類一起生活起居，並在需要緊急救護時發出警告。

葛斯特表示：「難處在於讓別人相信這是真正的科學。」也就是說，要讓人們接受這種「有蓬鬆毛皮、尾巴會搖個不停的生物感測器」。比起人類，狗擁有更多感覺接受器，而且腦部有很大一部分是用於處理嗅覺。如果我們擁有結構和狗類似的大腦，就會更了解從每個人身上不斷散發出來的數千種揮發性化學物質，那就是狗偵測到的東西。

這些東西簡稱為「揮發物」，科學上的全名是揮發性有機化合物（VOC），是指空氣中比二氧化碳更為複雜的含碳化學物質。我們排出的所有東西都含有VOC，從呼出的氣、鼻涕到尿液，就連皮膚的正常功能都會產生VOC。這些揮發物構成了每個人獨一無二的化學指紋圖譜，也就是我們的「揮發物群」，英文叫做volatolome，就跟基因組（genome）和微生物群系（microbiome）一樣，「-ome」這個字尾現在常用來代表一大群的意思。

狗能在一群人當中找出熟悉的人，就是靠著揮發物群的細微差異。所以，對方的揮發物群就算只出現微小變化，狗也會發現好像有點不對勁。現在我們越來越了解，人體會產生反映健康和疾病狀況的化學信號。某些疾病會對我們釋放出來的揮發物產生特定影響，我們可以訓練狗兒像偵測其他特殊氣味那樣找出這些疾病特有的味道，就算狗不熟悉病患原本的正常氣味也沒關係。

舉例來說，已有實驗證明狗可以協助找出血糖過高的糖尿病患者。牠們也成功偵測出愛迪生氏病（Addison's disease），這是一種因免疫系統攻擊腎上腺引起的自體免疫疾病，會讓患者的皮質醇濃度驟降，無法正常進行重要的代謝作用。還有許多疾病會發生相反的情況，也就是皮質醇濃度異常增加。除此之外，葛斯特也希望能透過狗偵測出恐慌發作、甚至是心臟病發作或中風前會出現的高度壓力狀態。

「英國醫師通常對這種方法抱持非常懷疑的態度，」她說，「不過他們來這邊親眼看過之後，狗兒的表現讓他們大為改觀。」

帕金森氏症也很有希望透過嗅覺偵測出來——而且不只是狗，就連花費許多時間訓練狗兒偵測帕金森氏症的葛斯特，現在也覺得自己好像聞得出帕金森氏症了。確實有些護理師聲稱自己能聞出癌症末期的病人，不過目前還是難以讓人相信，原因之一在於科學家直到最近都還不曉得人類到底是偵測到**什麼**。在這件事情上，皮膚微生物群系這個新的科學領域或許扮演了關鍵角色。

一世紀前就有人提出帕金森氏症與皮膚的皮脂變化有關。這樣的變化可能導致微生物菌叢改變，由此推論，皮膚生態系製造的揮發物也有可能跟著改變。我把這個理論提出來詢問葛斯特，她一臉興奮地說：「我對皮膚菌叢很有興趣！」她認為這應該會是未來研究的重心。

我們很難知道揮發物群中哪些物質來自皮膚和口腔的微生物，不過幾乎可以肯定其中混合著人體代謝產生的各種副產品，並經過微生物再次代謝。我們釋放出來的化學物質，是微生物和人體兩者作用之下的產物。

「若說有味道的不是帕金森氏症，而是神經傳導物質改變、導致微生物群系發生變化才產生不同的氣味，我也不會覺得意外。」葛斯特表示，「假如事實上是跟這種病有關的細菌出現變化，所以狗兒們聞得出來，我完全不會驚訝。」

隨著支持這個想法的證據越來越多，開始有其他認為不妨一試的研究者找上葛斯特。尤其是對於及早發現就有機會治癒的疾病來說，這確實值得研究。像是在二〇一八年，墨西哥有研究人員對使用過的衛生棉做了分析，發現女性若罹患子宮頸癌，生殖泌尿道的揮發物群會出現某些可預測的變化。這些化學物質，可能是生病導致陰道微生物群系改變的結果，甚至有可能就是疾病發生的原因。

人類的鼻子或許聞不出揮發物群的化學成分改變，但是機器可以偵測出來；幾乎可以確定，狗會對患者有反應也是出於同樣的道理。

「這個概念以前一直被斥為古老的民間傳聞，但其實並非如此。」英國杜倫大學的公衛昆蟲學家史蒂夫．林賽（Steve Lindsay）表示，「狗能感知到的，不只是我們的肢體語言或性格，牠們是真的能從我們分泌的化學物質分辨健康和生病的人。有時候，狗的辨識能力比最精準的科學檢測還要強。」

林賽的研究是關於昆蟲對人體健康有何影響。他在研究蚊子賴以溝通及尋找叮咬目標的化學信號時，開始對人類皮膚細菌散發的氣味感到好奇。最讓他和研究同仁擔心的隱憂，就是全球瘧疾的感染率和死亡率十多年來雖然大幅減低，但是近兩年都呈現略為**增加**的趨勢。

瘧疾是透過很複雜的循環傳播，蚊子會將寄生蟲傳染給人類，人類又會將寄生蟲傳染給蚊子。瘧疾的病因是感染寄生蟲，不過研發瘧疾檢測方式的科學家遇到了一些阻礙，因為這種寄生蟲會突變。原有的檢測方式是藉由偵測某些蛋白質來進行篩檢，然而有些新型的瘧疾不再製造這些蛋白質。要防堵疫情，必須檢驗出那些看起來健康正常、但仍會將寄生蟲傳染給當地蚊子族群的無症狀帶原者。

在美國熱帶醫學及衛生學會（American Society of Tropical Medicine and Hygiene）二〇一八年於紐奧良舉辦的年會上，有個跨國研究團隊提出了以往會被視為荒誕可笑的發現。在甘比亞進行研究的英國小組為數百名學童做了瘧原蟲檢查，並給他們一人一雙襪子，要他們一整晚穿著。研究小組收回襪子之後，根據學童是否有感染將襪子分類，然後運回倫敦，在冷櫃中保存好幾個月。

接下來，研究人員將感染瘧疾和沒感染的學童襪子混在一起，然後讓醫療偵查犬組織訓練的狗一一嗅聞這些樣本。狗若是從某個樣本聞到瘧疾的味道，會在樣本前面停下來；如果沒有聞到，狗就會繼續走向下一個樣本。結果，這些醫療偵查犬正確地辨識出七成屬於感染病童的襪子，甚至還偵測出已經感染寄生蟲但數量太少、無法以世界衛生組織制定的快速篩檢方式驗出的孩子。

這些狗並不是要用來取代傳統的血液檢測法，不過由此可以確定，人類感染瘧疾時確實會散發出某種可以偵測到的化學信號，甚至可以假設感染其他病原體也會如此，這是一大突破。至於背後的原理，林賽推測可能是因皮膚的微生物群系改變，產生不同的化合物。他也指出，即使是在實驗室培養皿中感染寄生蟲的血液，也會釋放出與感染前不同的化學信號。

最後，林賽認為狗或許可以實際運用於找出沒有任何症狀、但仍有傳染力的瘧疾感染者，不過他表示，有些人討厭狗，這會是研究人員面臨的難題。此外還有一些重要的文化因素需要考量，像是在許多穆斯林文化中，狗的唾液被視為不潔，可能是歷史上為了防範狂犬病傳染而形成的觀念。就跟人類和其他動物的唾液一樣，狗的唾液確實含有大量的微生物，能幫助狗消化食物，並讓保護牙齒的口腔微生物群系保持健康；當狗咬人的時候，這些微生物很容易進入被咬者的血液中。這使得咬人成為一種特別危險的攻擊行為，就算一開始的傷勢只是很輕微的穿刺傷，若是沒有抗生素，被咬的人也可能在短短幾天之內死亡。在全球各地的急診室，醫療人員處理動物咬傷的病患時都會格外謹慎。所以就如林賽所言，你不可能穿著白袍帶著狗大搖大擺地走進非洲村落裡，還期待當地人對你感激涕零。

比較有可行性的想法，是將這些狗部署在瘧疾幾乎根除的國家入境關口。牠們可以在機場、碼頭和火車站巡邏，找出帶有瘧原蟲的人；以桑吉巴群島（Zanzibar Archipelago）為例，當地由於經常有來自非洲大陸的帶原旅客，一直難以根除瘧疾，像這樣的地方或許就能靠狗防止帶原者入境。

氣味診斷法的長期目標是讓狗兒們好好過日子，改為使用「電子式鼻子」（electronic nose）——有些人覺得太拗口，稱之為「電子鼻」（eNose）。現有的原型設計其實一點也不像鼻子，反倒比較像信用卡，這點讓「電子鼻」這名稱顯得特別奇怪，因為用「鼻子」來偵測癌症或瘧疾本來就不符合直覺。不過這些考量已經算是產品行銷的範疇，是操之過急了。在這類產品能上市或賣給醫生（甚至直接賣給病患）之前，科學家必須先找出狗到底是聞到什麼。

感染之後，改變的不光只是皮膚上的化學物質，還有我們呼出的氣體，因為其中的味道大多來自我們口腔和喉嚨裡的微生物。瘧原蟲入侵時，會以某種方式改變人體自然呼出（或是以其他方式排出）的化合物。在熱帶醫學及衛生學會二〇一七年的年會上，來自聖路易華盛頓大學的幾位生物工程學家表示，他們發現瘧疾患者呼出的氣體具有獨特的「呼吸跡紋」（breath print），並藉此開發出吹氣檢測法；他們用這種方式為馬拉威兒童診斷，初步測試可辨識出百分之八十三的瘧疾感染者。

這些生物工程學家表示，他們發現患者在感染瘧疾後，有六種常見於人類呼吸中的化合物濃度出現異常。這似乎代表寄生蟲不只是改變某一種代謝作用，而是讓整個代謝系統失衡。

他們還有個意外發現：感染寄生蟲的病童呼出的氣當中，含有兩種屬於萜烯（terpene）的化合物，這類化合物通常和松樹等針葉樹所散發的強烈異味有關。目前已知有些植物會分泌其中一種萜烯，藉此吸引蚊子來吸食它們的花蜜。研究人員認為瘧原蟲可能採取了十分高明的策略，利用蚊子喜歡這種氣味的習性吸引牠們來叮咬感染瘧原蟲的人類，然後「劫持」蚊子，將瘧疾散播給更多人。

「萜烯很可能是瘧原蟲的一種生存機制。」華盛頓大學醫學院教授奧黛莉・歐登・約翰（Audrey Odom John）這麼表示。她也指出，這種化合物「或許有助於提升捕蚊裝置的效果。」

如果我們（受到身上的微生物影響）排放出來的化合物可以吸引蚊子，這個發現的意義就比防治瘧疾更為深遠。我們的化學信號或許還能解答一個古老的問題：同樣圍坐在篝火旁，為什麼有些人會被蚊子咬到體無完膚，有些人卻完全沒事？如今我們常在自己身上和自家草坪上大量噴灑有毒化學物質，這種作法非常需要改進。有些研究人員認為，答案就在於我們皮膚和口腔的微生物——不是要消滅牠們，而是掩蓋掉牠們釋放出來、會讓蚊子偵測到的那些化合物。

舉例來說，德州農工大學的研究人員發現只要修改人體皮膚上的表皮葡萄球菌（*Staphylococcus epidermidis*）釋放的化學訊號，就能讓我們進入幾乎隱身的狀態，蚊子幾乎找不到我們。這個過程相當複雜，不過至少證明了這個概念沒有錯，而且有機會改造驅蟲劑產業。正如昆蟲學家傑弗瑞・湯柏林（Jeffery Tomberlin）所說：「與其開發可能對表皮細菌、甚至皮膚本身有害的化學藥劑，或許不如改變散發給蚊子的訊息，讓牠們知道我們並不是理想的宿主。」

我們對人類演化過程所知的種種，都清楚顯示出我們是社會性物種——需要仰賴其他同伴存活，個體的缺陷在群體之中往往有其功用，而且群體成員若分別擁有不同的技能或特質，會好過所有人都在大學入學考試拿滿分卻沒有人懂得怎麼修馬桶。既然如此，為什麼我們會演化成可能散發**異味**？是為了主動驅逐別人、把他們趕去外面嗎？就算沒生病也要這樣嗎？

有人反對刻意讓身體不會產生異味的作法，理由在於：人體上之所以會有產生異味的細菌，是因為這些細菌對於人類維持生存有某些作用。我們並不是演化成**有體味**，而是演化成能與幫助我們的微生物和諧共存——只是不幸的，這些微生物剛好有時候會產生異味。

不妨看看北卡羅萊納州立大學應用生態學教授羅伯・唐恩（Rob Dunn），也是那篇皮膚蟎蟲研究的其中一位共同作者，對於我們的腳是怎麼說的。他自己身為鼻子功能正常的人類，當然同意腳臭是人體最討厭的東西之一。這種惡臭在演化上應該毫無益處，除非其中隱藏了什麼有利於生存的祕密，比方有時候可以用臭腳丫當武器擊退敵人。不過，我沒有找到像這樣的歷史紀錄，所以唐恩叫我要好好研究人為什麼會腳臭。

在其他動物身上，腳臭似乎是有直接作用的。比方說，每隻熊蜂的腳都會散發和其他同伴不同的氣味，這些氣味可以標示出牠們的蹤跡，讓蜂群能從足跡聞出同伴或食物在哪裡。

如果人類的腳臭沒有這種利於覓食或社交的作用，那麼產生腳臭的細菌之所以會這麼普遍，應該是有其他的功能。唐恩指出一種可能性：以人類史來說，人類很晚才開始穿著鞋子行走，所以很容易因為足部割傷和擦傷而感染。在抗生素問世之前，就算是輕微感染都有可能致命。雖然香港腳等真菌感染通常是風險較低的小毛病，但真菌可能會從破皮的傷口進入血液，造成嚴重問題。所以，若是讓一些無害的菌種住在腳上有助避免感染，應該符合演化適應的機制。

有些細菌甚至能製造具有抗真菌性質的化合物。人類足部常見的枯草桿菌（*Bacillus subtilis*）所產生的某種化合物，可以殺死容易造成香港腳或灰趾甲等足部感染的真菌。

然而不幸的是，枯草桿菌也有個難聞的味道。唐恩研究後發現，臭腳丫那種特有的「臭酸味」大多來自一種叫做異黃酸的化合物，這是枯草桿菌代謝汗水中的白胺酸（一種胺基酸）之後產生的物質。相較於人體的其他部位，足部汗水的白胺酸含量特別高。唐恩推斷，這或許是我們與皮膚細菌共同演化的結果。

這個解釋目前還只是假設，基本概念在於，像白胺酸這樣的化合物並非平白無故從我們的腳底冒出來，而是有其作用的，枯草桿菌會在我們身上，也並非只是為了讓人感到厭煩和尷尬。

我們的腳或許已經演化成會分泌大量含有白胺酸的汗水，好滋養某些能消滅真菌的細菌，幫我們降低足部感染的風險。所以，薰人的腳臭或許會成為找到性伴侶的阻礙，但是比起因為足部真菌感染而死於敗血性休克的人，有腳臭困擾的人在繁衍後代上還是比較**有優勢**。

這種將人體皮膚、分泌物和表皮微生物視為共生生態系的推論，引出了「該清洗到什麼程度」的問題。依照唐恩的理論，我們為了減少像枯草桿菌這種代謝作用有益人體的細菌做了不少努力（像是清潔），但這些事情有可能提高感染真菌的風險。足部微生物群系異常的現象，甚至可能有助於釐清為什麼真菌感染在今日如此普遍。不過，沒有人希望自己身上有異味，所以問題在於該如何達到適當的平衡。

正如人體的任何功能一樣，氣味的影響並不是僅限「有體臭」跟「沒體臭」這兩種情況而已。更有可能的情況是，我們在各種情況下會呈現出不同程度的氣味環境，而且能藉此表達自己的想法或感受，其複雜程度不亞於聲音的抑揚頓挫或臉部表情的細微變化。很多人告訴我他們覺得另一半很好聞，這是指對方身上固定會有的氣味，但社會常規不允許大多數人讓別人聞到自己身上有味道。

在探究的過程中，我開始好奇這些懸浮在空氣中的化合物（和它們的氣味）到底有什麼作用——體味能夠帶給我們什麼？洗掉這些氣味又會讓我們失去什麼？要是我們使用的肥皂、古龍水和香水（不管號稱多天然），也改變和阻斷了具有某些作用的信號呢？我們釋放出數百種細微的揮發性化學信號，或許在我們與其他人（以及其他物種）的溝通之間扮演了某種角色，而我們才剛剛開始摸索它們的作用。

人與人之間的化學作用並非只發生在浪漫關係上，也不只是為了傳達健康狀態和疾病的信號。實體接觸有某些功能，是螢幕和訊息無法複製的。

從無數的雜誌封面、書籍和學術論文可以得知，孤立感和疏離感是我們這個時代的寫照。比方說，儘管我們在咖啡店裡也只是坐在自己的筆電前面、忍受難聽的音樂，跟其他人毫無交流（除了在去上廁所的時候請陌生人幫忙顧一下筆電），咖啡店還是吸引著我們進去；即使互動很細微，其他人也只是待在附近，似乎仍然對我們有幫助。背後原因，或許有一部分在於我們所釋放的化學物質。

班・德・雷西・卡斯特洛（Ben de Lacy Costello）對人類糞便、尿液和唾液中的揮發物做了許多研究，好讓各位讀者不必親自去研究這些東西。他表示，實驗已證實壓力和焦慮對於我們釋放的化學物質有明顯的影響。（如果要研發疾病偵測器，這會是很重要的一個干擾因子。**產品免責聲明：請勿於焦慮時使用，否則可能使測試結果呈現偽陽性，讓你更焦慮，造成壓力惡性循環，那可能真的會害死你。喔，很好，你現在開始擔心壓力的問題了，是吧？當我什麼也沒說。**）

我是在二〇一六年時讀到卡斯特洛的研究，當時我因為要寫一篇有關情緒感染的報導，曾經採訪過他。那篇報導的靈感來自一份研究報告，有幾位氣候科學家想要了解人類的呼吸是否會助長氣候變遷（畢竟，人類吐出的氣體中充滿了二氧化碳）。擔任首席研究員的強納森．威廉斯（Jonathan Williams）是德國馬克斯普朗克化學研究所（Max Planck Institute for Chemistry）的大氣化學家，他使用經過精密校準的設備來研究動植物排放的氣體對於氣候的影響，能夠偵測到最細微的變化。於是，研究團隊就將這些感測器帶到世界上最容易變動的環境：歐洲的足球場。

科學家檢測到的二氧化碳排放量，出乎意料地並無特別之處，但是從科學角度嚴格來說，感測器資料出現了更有趣的現象。當威廉斯在訪問中告訴我這件事時，我馬上問他是不是外星生物？他說不是，但是有其他奇怪的化學信號，而且似乎是來自人類。這些化學信號在比賽過程的各種時間點時而出現，時而消失。威廉斯坐在那看著空氣感測器上不斷波動的讀數，突然想到這些信號或許與情緒有關。

在足球賽的過程中，觀眾會經歷不同程度的喜、怒、哀、樂等情緒。威廉斯告訴我，這讓他開始思考：人類會不會「根據情緒排放不同的氣體」？說不定這有著跟他人溝通、甚至是跟其他物種溝通的作用？假如人類會這樣的話，也不是空前特例。植物隨時都在釋出揮發物，從玫瑰花束散發出的香氣到更細微的化學信號皆是。我們已經知道植物在被想吃掉它們的動物「攻擊」之後，會釋放出一些化學物質，稱為「蟲害誘導揮發性成分」（herbivore-induced plant volatile），科學家認為這些物質是用來警告周圍的植物附近有掠食者。

近來研究人員也發現，植物釋放給其他植株的信號非常多樣化，能夠交換有關天敵和資源的情報，交織成遍布四周的「化學訊息網」。這片網絡的功能，不光只是像花朵吸引蜜蜂這類教科書上常見的典型例子，就連樹木都會釋放化合物來傳達有關自己身分的訊息。比方說，如果摘掉幾片樹葉，樹木就會釋出化學信號。

走進森林、親近自然所帶來的影響，可能有一部分是因為不同成分的空氣接觸到我們的氣管和皮膚。我們形容為「新鮮」的那種空氣，可能不光只是沒有汙染物（空氣汙染每年造成七百萬人提早死亡），還充滿了動植物所散發出來的化學信號。**新鮮**空氣不僅代表不含有害物質，也表示其中存在有益的物質。研究發現戶外活動與健康助益有關，或許就是原因之一。

可透過空氣傳播的「費洛蒙」（對交配行為特別有影響的化學物質），很容易跟偽科學混為一談，還有人加以曲解，用來兜售號稱能提高性吸引力的噴霧。在某個費洛蒙商品評比網站上，「Pherazone for Men」這款噴霧的評價是「最能吸引到女生」，另一款則是「最能提高上床成功率」。還有不能不提的「TRUE Alpha」，這款噴霧「最能讓你得到信賴與尊敬」（當你希望能獲得某人的信賴與尊敬時，最好的方法就是用化學物質誘騙對方的大腦）。

雖然我並未親身測試這些產品的實戰功效，但是沒有哪一種化合物能讓任何人的眼睛變成兔巴哥（Bugs Bunny）的招牌愛心眼。不過，揮發物群的存在解釋了化學吸引作用的原理。狗和動物界大多數成員都能從幾百公尺之外偵測到排卵中的雌性所釋放的微弱化學信號，人類沒有道理是例外，我們應該也會隨著荷爾蒙的變化釋出不同的化學物質。雖然我們的鼻子功能相對遜色，似乎無法察覺大部分的揮發性化學信號，但是我們散發出來的各種氣態物質，顯然能向其他人類傳達更多訊息（包括性和其他方面），而非只局限於我們聞起來是吸引人還是令人反感。

卡斯特洛認為，揮發物群所含的化學物質可能有好幾萬種。個體之間傳達的訊號，可能包含幾兆種排列組合，構成了每個人腋窩、吐息和身體每一個部分的獨特氣味。無論這些懸浮在空氣中的混合物能否複製裝瓶、讓人用來勾起愛意，可以確定的是，每個人所散發的化合物不會一模一樣。光憑這一點，就足以質疑抑制這些物質分泌是不是明智的作法。

撰寫這本書的過程中，我曾經在康乃狄克州一間勒戒所工作兩星期，見識過由真正的成癮專科醫師照護的病人。成癮醫學是個相對新穎的領域，目前大多著重在鴉片類藥物成癮的問題，努力治療這個往往是從藥物治療衍生出來的可怕後果。我所見到的患者，有些是第一次來，有些已經嘗試過千百次，不過他們幾乎都用了同樣的講法——想要把藥癮戒除「乾淨」。

在這種情境之下聽到「乾淨」一詞，感覺比任何情況都來得恰當。在勒戒所裡，**乾淨**概括了這個詞彙本身所有的含義：從去除有毒汙染物，到追求精神上的純淨。成癮治療的目標不只是停止使用某一種物質，還包括積極建立沒有該物質的新生活。這需要密集而持續的努力，以及不偏離目標的警覺心。許多人認為把這視為重新來過的過程很有幫助——這是能脫胎換骨、重新認知自己、重新出發的契機。

我工作的勒戒所位於鴉片類藥物氾濫特別嚴重的州，由州政府出資，所內幾乎沒有窗戶，患者主要的活動就是安靜地坐在一個小房間裡，面對一台沒什麼人在看的電視。進來勒戒的人，大多數是因為買賣麻醉藥物或經手買賣藥物的資金，被捕之後遭法院依最低刑度給予勒戒處分。

成癮治療的過程往往非常無聊，不過真正的挑戰在於離開勒戒所之後繼續保持乾淨。如果你回到原本的社交圈，繼續跟先前讓你染上毒癮的那些人混在一起，重蹈覆轍的機率幾乎是百分之百。如果你沒有做好明確的規劃，打算好要去哪裡、能做什麼事情取代嗑藥，幾乎可以肯定你絕對會重染惡習。

從這個層面來說，保持**乾淨**需要的不是隔絕和建立障壁，反而是要讓自己有機會接觸新的事物。最主要的，就是認識新的人：建立深厚、有意義且真誠的關係。州政府資助的勒戒計畫在這方面能幫的忙有限，成癮者必須另找資源。有一些像匿名毒癮者互助會（Narcotics Anonymous）這樣的組織，可以提供長期的社群支持和諮詢引導，在某些人身上成效非常良好；不過這些資源需要成癮者做到坦誠以待、實踐承諾，而多年成癮往往會讓大腦傾向迴避誠實與承諾。

很多人即使戒癮幾十年、一根煙也沒有再碰過，餘生當中仍會自認是**成癮者**，而這樣的認知會引導他們繼續禁絕成癮物。許多成癮者告訴我，只有在新的自我認同能夠融入新的生活方式，有新的朋友、興趣和習慣時，癮頭才有可能戒除乾淨。

從行為科學可以清楚看出：**停止**任何舊有的習慣都很困難，且很容易功虧一簣。有效的動機，來自於想**開始**做其他事情或是讓自己脫胎換骨的動力。就像用殺菌的方式來保持皮膚清潔一樣，光靠清除並不管用。要是把**變乾淨**想成一種消除和剝奪，充滿刻苦修行、孤獨痛苦，那是無法長久持續的。將其視為接受改變、開創關係的過程，才是更有效的清潔之道。

賈斯汀．麥克米蘭（Justin McMillen）認為，這個概念有望運用在許多現代疾病的治療上。麥克米蘭是個方臉闊肩、留著平頭短鬚的運動員，他在「全是伐木工人的環境」長大，能夠一口氣潛到水下十八公尺深。年輕時，他在洛杉磯當木工，漸漸染上海洛因毒癮。二〇〇八年美國房地產崩盤時，他失去了絕大部分的資產，處境最糟的時候甚至住在別人的車庫裡度日。

麥克米蘭在過去多年競賽的過程中發現，他可以把身體逼向極限。那種挑戰和痛苦，讓做木工、住在舒適公寓裡的平凡生活顯得無趣，儘管他從前一直以為這就是他想要的穩定。然而，不再鍛鍊自己的心智和身體之後，他感覺到必須用其他方式讓腦內的多巴胺迴路獲得刺激，導致他開始吸食及注射能夠帶來刺激的物質。

後來，他開始認為成癮是某種重塑前額葉皮質、改變大腦獎勵機制的過程，這樣的想法有一部分是來自於神經科學家丹．席格（Dan Siegel）的研究。席格是加州大學洛杉磯分校正念覺察研究中心（Mindful Awareness Research Center）的共同創辦人，他的研究凸顯出前額葉皮質對於人際關係的重要性。「如果前額葉皮質功能失調，會讓人際互動更困難，」麥克米蘭說明。而孤立感會讓大腦更渴求刺激，

「這樣就變成了惡性循環。」

麥克米蘭開始戒除毒癮之後，注意到男性似乎特別容易處於孤立之中。於是他在奧勒岡州的波特蘭（Portland）發起一個針對男性的小型戒毒輔導中心，叫做樹屋修復所（Tree House Recovery），主要的輔導方式是教他們如何建立人際關係，而且大多是透過肢體接觸。過程中，會有一位「身體賦權輔導員」搭配一位較著重傳統方法的臨床輔導員，共同指導成員運動；這些動作的設計，都是為了建立成員之間的信賴與關係——替成員製造出必須依靠和仰賴他人的情境。

這個輔導中心算是具有住院醫療性質的設施，屬於許多健康保險會給付的項目。在推廣樹屋修復所的過程中，麥克米蘭成為少數公開提倡男性間肢體接觸的人，他指出這樣對於健康有許多益處，包括「降低血壓、強化免疫系統、提升記憶力、減少疼痛等等」。他曾經在當地新聞台的訪談片段中與男性主播和記者示範作法，有些人稍感不自在，也有人顯得非常尷尬。麥克米蘭強調，接觸程度可以只是輕拍背部；他並沒有指望男性會開始跟認識的人隨意牽手。

「一開始就直接說『來，大家開始互相擁抱吧』是行不通的。」他告訴我。「舉止親暱」在戒癮者之間通常是個貶義詞，所以麥克米蘭經過多年反覆試驗發現，要真正達到柏拉圖式觸摸（platonic touch），就要讓人們不假思索、自然而然地去碰觸別人——剛開始通常要在某些熟悉的情境下比較容易自然做出這樣的動作。

由於避免身體接觸的慣例在運動競賽當中相對模糊，尤其是摔角和拳擊，運動就成了讓男性體會彼此接觸是好事的途徑。不過，麥克米蘭當然沒有打算讓參與計畫的男性真的互毆。所以他開發出一套「動作式引導療法」（action-based induction therapy），看起來很像綜合格鬥的動作，不過重點在於讓男性體驗柏拉圖式觸摸。「他們絕對不是在揍人。」他向我保證，因為這讓我聯想到像《鬥陣俱樂部》（*Fight Club*）演的那種，男性設法找回感受能力的情境。

「我們可以透過鏡像動作建立信任感，用這種夠有『男子氣概』的方式提倡肢體接觸不會讓男人抗拒。」麥克米蘭說，「下課之後會看到他們勾肩搭背，那種要保持界線的社會觀念似乎淡化了。」

我們跟人打招呼時會握手擁抱，有部分原因就在於破除身體上的隔閡能夠馬上讓其他藩籬變得更容易消除，這一點普世皆知。我在棕櫚泉採訪「健康生活節」時就體會到這件事情；參加這個活動的人有很高的比例是成癮者，其中一個活動環節是要大家面對面站成兩列，雙方的臉相距只有二十五公分左右。主持人要求我們直視對方的眼睛，不能移開視線，然後跟對方聊聊自己最大的焦慮感來源。剛開始確實非常尷尬，不過肢體靠近與四目相對似乎產生了作用，就像是將扭結的橡膠水管順直了一樣。我在一分鐘之內對那個陌生人講的話，大概有平常跟朋友聊一小時那麼多——而且在跟朋友聊天的時候，我可能會視線飄移不定、雙臂抱胸，還有做出各式各樣心理學家會說其實是拒人於千里之外的下意識動作。

已經有許多文獻資料提到觸摸（指與任何人際關係無涉的柏拉圖式觸摸）對於健康的益處。我在二〇一九年採訪過最早開始研究這個領域的發展心理學家蒂芬妮・菲爾德（Tiffany Field），她在邁阿密大學米勒醫學院創立了觸感研究所（Touch Research Institute）。菲爾德耗費數十年的心力，想嘗試增進人與人之間的觸碰。她最先開始提倡觸摸的對象是早產兒，因為她發現光是人的肢體接觸，就能讓早產兒的體重快速增加。這些早產兒的平均住院天數較少，醫療費用平均也少了三千美元。

於是研究人員詳細記錄了「觸覺剝奪」（touch deprivation）對小孩的影響：研究發現觸覺剝奪會造成永久性的肢體與認知障礙，並導致日後出現社交退縮（social withdrawal）的情況。菲爾德也發表了其他類似的研究結果，顯示觸摸對於孕婦、患有慢性疼痛的成人以及住在養老院的長者都有助益。肢體接觸應該是不會讓成人繼續長大，不過每天只要短短十五分鐘的觸摸，似乎就能帶來非常多的好處。

近年有一項關於擁抱可提升免疫力的研究曾登上新聞版面：卡內基・梅隆大學

（Carnegie Mellon University）的心理學家謝爾登．柯恩（Sheldon Cohen）率領研究團隊，將四百名受試者關在一間飯店內，並且讓他們暴露在感冒病毒之中，結果發現有社會支持互動關係的人感冒症狀較少，症狀也比較輕微。研究人員的結論是，肢體接觸（尤其是擁抱）似乎可以降低三分之一的感染率。作用機制目前尚不清楚，一般推測的原因，大多是觸覺受器能讓大腦釋放腦內啡和其他可增強免疫系統的化學物質。另一個同樣頗有說服力的假設則是認為，人與人接觸時也會接觸到對方身上的微生物，那麼不論產生什麼作用，都可能跟這些微生物有一些關聯。

我挺想接受這個說法，因為這可以解釋我自己的一些親身經驗。對於現代的寫作者以及許多職業來說，工作過程包含了大量的數位通訊——我們整天都在收發電子郵件、在推特互動、傳送訊息，還有透過螢幕跟別人對話。現代人普遍都有的困擾，就是我們以幾乎完全模擬實際交流的方式接收虛擬的圖像和文字，然而我們所感受到的孤獨感，甚至多過整天只和一個人實際共處。無論是觸摸還是交換化學物質，肯定都和這種現象有關。

不過，無論實體接觸號稱的好處是來自觸覺感知、動物散發到空氣中的化學信號，還是我們與周遭的人所共享的微生物，把我們的身體看作是群體的一部分肯定是不會錯的——比起孤身一人，團結起來會更加強健。

VIII 益菌

走過巴爾的摩（Baltimore）幾個街區，經過一排排窗戶以木板封死的連棟房屋，地平線上突然出現許多賣膠原蛋白飲的餐車，還有一堆穿著運動休閒服飾的網紅，紛紛湧入外觀氣派的巴爾的摩會議中心。在這四天當中，這裡會舉辦全世界規模最大的健康產業商展，也就是一年一度的天然產品博覽會（Natural Products Expo）。如果說店面展示、養生靜修和節慶活動鎖定的對象是消費者，那麼這裡就是讓零售商和經銷商針對下一季的保健潮流準備商品目錄的地方。

就和獨立美妝展一樣，將天然產品博覽會的賣家串連起來的，是一個涵義沒有明確共識的詞。販賣喜馬拉雅玫瑰鹽和黑炭牙膏的精品品牌，在燕麥奶和膠原蛋

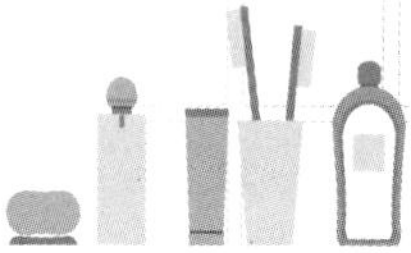

白粉大型零售商的攤位左右各據一邊。氣泡水品牌 LaCroix 的攤位非常大，起司通心麵供應商 Annie's 的攤位也不惶多讓——這家公司是行銷成功的案例，他們將一款有五十年歷史的產品（Kraft 起司通心麵）重新包裝，稍微調整原料後用兩倍價格賣給注重食品安全的家長，就因為商品上標示著「天然」。布朗博士公司也有參展，他們帶來一款以酒精、水、甘油和胡椒薄荷製成的乾洗手液，瓶身上寫著「含百分之九十九點九有效抗菌成分」。看來，我跟大衛談到接納皮膚微生物存在的想法沒能讓他跳脫這一套，我還以為我們很聊得來呢。人是不是真的很難了解別人？

我第一次參加天然產品博覽會是四年前，在那之後業界已經有很大的改變。益生菌除了用於腸道、口腔和私密處保養，也出現在護膚產品中，形成一個幾乎前所未見的產品類別。如今，有個顛覆衛生革命主流教條的概念正開創出急遽成長的市場，那就是藉由讓細菌進入體內，來預防或逆轉各種疾病。

在一家叫 Just Thrive 的品牌攤位上，有個男人拿著一瓶膠囊走到我身旁。他名叫比利．安德森（Billy Anderson），穿著 Polo 衫，衣襬紮在牛仔褲裡。安德森曾在製藥公司從銷售業務做到主管，舉止像個前大學棒球選手，他還真的曾經是。我遇到他的時候，時間已經不早，他開口推銷時感覺只是來講講而已：

「這些細菌以前很容易在環境中找到，牠們存在於我們居住的大地上、吃的食物裡、喝的水中，」他說，「但因為我們不斷在同一塊土地上耕種，加上使用殺蟲劑、除草劑和抗生素，使得土壤中的微生物越來越少。」

說到這裡，他將話題帶到一個新的境界，暗示他的膠囊能夠改善多種問題，包括自閉症。「很多家長帶孩子回診時，醫生會說：**天哪，太神奇了，你們做了什麼？報告數據變得——看起來狀況很不錯！**家長就說：**因為我讓小孩吃 Just Thrive。**」

根據 Just Thrive 的網站資料，安德森和同樣曾任職於製藥產業的太太婷娜（Tina Anderson）雙雙辭去工作，「致力找出自然界真正能益生保健的益生菌」。商品標籤更是一絕，堪稱以沒有之物為賣點的傑作：「不含基因改造成分，且**絕無添加**（他們自己特別強調）大豆、乳品、糖、鹽、玉米、堅果和麩質。」此外，他們的產品和展場上許多產品一樣，「素食、舊石器時代飲食和生酮飲食者均可使用」。小小一瓶要價四十九點九九美元（外加運費四點九九美元）。

讓人弄不太清楚的，是產品的**作用**。「益生菌」一詞出現在展會和商店貨架上時，似乎都被當成「有益健康」的同義詞。標榜的功效從治療複雜的神經疾病症狀，到一般日常保健都有。鄰近攤位的廠商在賣益生菌家用清潔劑和益生菌體香劑，展場的另一處還高掛一張巨大標語，寫著「真正的益生菌」，下面還有一排粉紅色的「女性專用」字樣。那款產品的標籤寫著「私密處保養益生菌」，號稱「可促進尿道健康」。

我伸手去拿試用品時，銷售人員一邊說著「不對、不對」，一邊拿走裝試用品的籃子。「你應該要用一般款的。」不過她動作還是慢了，我拿到一份兩粒裝的 Jarro-Dophilus 女性益生菌試用包。後來我把整包都用掉了（沒什麼明顯的作用），因為這是**口服**益生菌。一個人不管有沒有陰道，都沒辦法把吞到肚子裡的細菌送到陰道去。假設細菌真的從你的消化道去了尿道或陰道，唯一可能的途徑是經由血液，那可就是需要醫療急救的情況了。

這款膠囊裡面的細菌都屬於乳酸桿菌屬（*Lactobacillus*），優格裡大多是這一屬的菌種。優格裡一定含有活菌，但是這種膠囊和其他益生菌產品就不一定了。大多數的益生菌無法在常溫下存活很久，這也是益生菌產品大多需要冷藏保存的原因（而 Jarro-Dophilus 女性益生菌不用）。我們很難確知任何一款益生菌補充品裡面有多少活菌，更難確定有多少活菌成功通過胃酸並停留在你的腸道中。依照規定，益生菌營養補充品的標示必須列出藥丸或膠囊中的生菌數，不過要給出準確數字很難，因為益生菌不像一般食品和藥品中的常見成分，牠們是活生生的生物。

根據ＦＤＡ的定義，產品內含的細菌必須是活的才能稱之為益生菌。比方說，康普茶就算是益生菌——你可以看到微生物浮在表面上，正在活躍地將茶裡面的糖發酵分解成酒精。那層菌膜稱為SCOBY[20]。這種微生物即使在冰箱中也會持續發酵康普茶裡的糖分，也就是說，最後成品的酒精含量可能會差異很大。要讓每瓶康普茶的微生物活性盡可能一致，對於釀造者和主管機關而言向來是難題，有時也會出現整批產品的酒精含量遠高於預期的情況。

其他活菌產品也面臨類似的問題。雖然冷凍真空乾燥（lyophilization）等新式保存技術問世，有望提升產品品質的穩定性，但是微生物的保存與運送方法尚未標準化。更麻煩的是，某些宣稱有「益生菌」的產品，所含成分其實是「細菌裂解液」。這表示細菌細胞已經裂解，也就是經過加熱、殺菌並分解。

目前我們還不清楚服用或塗抹細菌裂解液的影響為何，但可以肯定效果跟使用活菌不會相同。研究人員告訴我，這些死菌對免疫系統可能有某些作用的說法在假設上是成立的，畢竟死掉的病毒也能製成疫苗，用於刺激免疫系統。不過，認為把細菌裂解物加入體內菌叢能達到**益生菌**的效果，無異於把培根放在豬圈裡期待養出一窩小豬。

在獨立美妝展上，也開始出現「益生菌」一詞。LaFlore公司向我推銷「益生菌洗面乳」（四十二美元）和「益生菌濃縮精華露」（一百四十美元）。這些產品的成分幾乎全都是在鄰近攤位的產品中也很常見的油和植物萃取物，只不過在成分表中間還寫著**乳酸球菌裂解液**，以及發酵的**乳酸桿菌**。目前還不清楚這些成分有什麼作用——無論是根據科學文獻，還是就我後來親自試驗該產品的結果來看。不過，LaFlore並沒有寫明這些細菌成分對我的皮膚有什麼好處，經營者態度很親切，而且身上穿著白色實驗衣。她讓我在玻璃碗中自己調製精華液，展現產品配方有多簡單、多天然。溶液在我加入各種粉末時浮現不同顏色，我看得入迷，這讓我想起自己在幼稚園混合原色顏料的時候，也著迷地看著紅色和黃色混在一起變成橘色，無論何時回想起來，那都好像變魔術一樣。有個他們公司的人在旁邊錄影，大概是要貼到Instagram上。

獨立美妝展的展場裡，還有一家叫做BIOMILK Natural Probiotic Skincare（BIOMILK天然益生菌護膚）的公司，他們推出「強效益生菌防護保養品」，共有「益生菌日霜」和「益生菌晚霜」這兩款，號稱能「保護肌膚不受體內外有害物質攻擊」。包裝視覺設計以牛奶的意象為基礎，加上蘋果、花椰菜等「超級食物」的照片，凸顯出要培養微生物生態系而非加以清除的理念。創辦人瓦萊麗·卡薩格蘭

譯註20　Symbiotic culture of bacteria and yeast：意為細菌和酵母的共生體，坊間常稱之為紅茶菌。

德（Valerie Casagrande）曾經是嬌生公司（Johnson and Johnson）的業務，她告訴我，之所以會創立 BIOMILK，是因為她了解到「益生菌不像幾年前的椰子水那樣只是一時潮流，而是真的能扭轉產業趨勢。」

有些公司會用「益生元」（prebiotic）這個詞，指的是用來「餵養」微生物族群或促進菌叢生長的化合物，但這類產品本身並非微生物。這種說法更為空泛，因為沒人曉得什麼產品真的能幫助皮膚菌叢生長（除了人體本身分泌的皮脂）。不過很多想法聽起來都挺有道理。我跟體香劑品牌 SmartyPits 的創辦人史塔西亞・古佐（Stacia Guzzo）聊了一下，她聲稱自己的產品可以改造腋窩的微生物群相。基本上所有的體香劑都是如此，不過她以培養或改造菌叢的概念來行銷產品，而非主打消滅細菌，確實是明智而先進的作法。

儘管展場裡充滿了希望和熱情，但任何一個獨立賣家都不太可能產出能讓皮膚益生菌進入主流的**那一款**產品。想讓這類商品成為主流就得要改變消費者的觀念，從歷史上看來，必須投注龐大的行銷費用才有可能辦到，只有跨國企業才有這樣的實力。等到大型製藥和肥皂公司決定要進軍皮膚益生菌市場時，這類產品可能會和肥皂、洗髮精、潤髮乳、乳液和體香劑並列，出現在每一間浴室的架子上。

這已經是現在進行式了。

說到我對皮膚微生物群系的「癡迷」，應該要歸咎於第一個讓我對極簡保養產生興趣的人：舊金山灣區（Bay Area）的科學記者茱莉亞・史考特（Julia Scott）。她在二〇一四年曾為《紐約時報》寫過一篇很有意思的報導，是關於一家叫做 AOBiome 的公司，他們賣的是可以將細菌噴到皮膚上的瓶裝噴霧。這個產品概念確實為這間公司打響了名號。當時我前往史考特的公寓討論那篇報導，發現她家浴室看起來異常空蕩，只有一塊偶爾使用的肥皂，除此之外沒有其他個人清潔產品。

前一年，知名的紐約大學微生物學家瑪麗亞・多明格斯－貝羅（Maria Dominguez-Bello）和同事發表了研究結果，他們在位於委內瑞拉偏鄉的亞諾瑪米（Yanomami）部落發現，當地族人的微生物群相是歷來在人類身上發現最為多樣化的。就如同艾美許人的過敏研究，這項發現進一步證實了遠離自然的後工業革命生活型態已改變我們的腸道和皮膚菌叢。

這個概念沒過多久就應用在商品上。畢業於麻省理工學院的化學工程師大衛・惠特洛克（David Whitlock）因宣稱超過十五年不曾洗澡而出名，他和合夥人一起成立了 AOBiome 公司，宗旨是要改變人們對身體細菌的看法，以回歸自然為產品發想理念。AOBiome的第一款益生菌噴霧，以「Mother Dirt」（泥土之母）為系列名稱在藥局上架販售，用途是在皮膚上重新種下一種叫做亞硝酸單胞菌（*Nitrosomonas eutropha*）的細菌。他們的推銷說法是，這種氨氧化細菌曾經是構成我們皮膚微生物群系的一部分，其他細菌發生反應時可能會產生一些造成異味的物質，而這種細菌可加以分解；但由於我們使用各種界面活性劑清潔皮膚，又不再接觸含有這些細菌的土壤，身上的亞硝酸單胞菌就幾乎都消失了。

該公司聲稱讓這些細菌回到身上可以促進皮膚健康，並減少痤瘡等皮膚疾病的發生率。「只要使用兩週，AO+噴霧就能恢復因為現代清潔習慣和生活方式而減少的重要益菌，進而改善多種皮膚問題，包括敏感、斑點、粗糙、出油、乾燥以及異味。」Mother Dirt招牌產品的行銷宣傳這樣寫著。惠特洛克自己也有在用，因為有這個東西，他不需要洗澡。（不過有些人跟我說，他其實該洗澡。）

我在二〇一五年為《大西洋》雜誌撰寫報導時去參觀過AOBiome位於舊金山的實驗室，當時有位名叫賴瑞．魏斯（Larry Weiss）的科學家把細菌噴在我臉上，他事先徵詢過我的同意，但那感覺還是很像有人朝著我臉上打了個噴嚏。到頭來我沒有感覺到什麼變化，無論是好是壞。不過這次經驗確實讓我開始思考有關皮膚微生物群系的事情，以及我該怎麼培養菌叢——至少，不要只因為從朋友口中或

podcast 節目上聽到某款清潔產品，或是因為某個商品的包裝在整間藥妝店裡面看起來最順眼，就隨便用在身上而破壞了皮膚菌叢。

在我停止洗澡、開始撰寫這本書之後，我拜訪了 AOBiome 位於麻薩諸塞州劍橋市（Cambridge）的總部。此時的 AOBiome 自稱是「臨床階段的微生物公司」，著重研發「發炎性疾病、中樞神經系統疾患以及其他系統性疾病的療法」。我在辦公室見到惠特洛克本人，也跟他握了手，儘管他幾乎快二十年沒洗過澡，身上並沒有什麼讓我反感的異味。這裡有站立式工作桌、超安靜的開放式辦公空間，茶水間流理臺上還放著剩一半的生日蛋糕；以一個用於研發細菌產品、好讓人體皮膚重回現代化之前的地方來說，這種新創公司般的氛圍顯得不太協調。

原因可能在於 AOBiome 真的是一家製藥公司。該公司有六個臨床階段的計畫，包括測試細菌噴霧用於治療痤瘡、濕疹、酒糟性皮膚炎和過敏性鼻炎的成效，以及針對腸道和肺部疾病的早期研發計畫。新任執行長陶德．克魯格（Todd Krueger）具備商業開發的專業背景，他擁有西北大學企業管理碩士學位，曾任職於貝恩策略顧問公司（Bain and Company），最後致力於基因體學產品的商業化策略發展。克魯格帶我參觀了公司所在的科技育成中心，接著我們去麻省理工學院附近的咖啡店 Cafe ArtScience 共進午餐。

「我覺得大家應該不會放棄洗澡，」他邊說邊吃薯條，微微斜眼看著我，「我們也不是主張每個人都該放棄洗澡。我們是覺得用化學製品洗澡可能不是最好的選擇，任何含有防腐劑的東西都有可能傷害皮膚菌叢。」

那肥皂呢？

「喔，肥皂也不是好東西，真正的肥皂其實很糟糕。」

各位讀者，這是行銷話術，但是我想聽一下他怎麼說。

「坦白說，我們身上的大多數細菌都來自動物的糞便，」他不是在講自家產品，而是指一般人類的情況。「我不曉得你有沒有讀過這方面的資料，不過在出生的時候，人不是經由產道接觸到媽媽身上的細菌，基本上，是屁股附近的細菌。」

有許多菌種同時存在於陰道和腸道菌叢中，目前還不清楚這兩種菌叢對於新生兒微生物群系的影響程度。不過我們知道陰道和腸道菌叢在懷孕期間都會改變，而且顯然在分娩時會發揮類似接種的作用。比方說，專家已發現母親產道的葡萄球菌與小孩五歲時罹患氣喘的機率有關。母體在分娩過程排便是很常見的現象。有研究顯示，剖腹產嬰兒的微生物群系多樣性低於自然產的嬰兒。孕婦如果在懷孕期間接受抗生素治療，嬰兒的微生物種類也會比母親未使用抗生素的嬰兒來得少。這些現象的實際意義都還有待觀察——當然，剖腹產有時是為了救命而採取的介入措施。

剖腹產之後如何以適當方式讓新生兒接觸微生物仍有待研究。目前我訪問過的許多科學家傾向以拭子沾取母體陰道的微生物，刷到新生兒的皮膚上。

這或許是為小孩培植微生物群系最「自然」的方法。不過此後如何保持健康的微生物暴露程度，就是AOBiom等公司眼中的商機所在。正如克魯格主張的：「你可以在每天早上洗澡時跟你的微生物菌叢宣戰，然後再把微生物噴回皮膚上。」

一種新穎又能每天使用的衛生用品，是這個產業夢寐以求的聖杯，而益生菌產品有望達到這樣的期待，這就是為什麼AOBiome和其他類似的公司會獲得大筆的創業投資基金挹注。單單一款益生菌產品，在克魯格的遠大願景當中只是小菜一碟。「我們現在只生產一種細菌噴霧，並不代表我們覺得沒必要把其他成千上萬種細菌噴回身上，」他說，「我只是還不知道那都是些什麼菌。」

最大的阻礙，在於人們並不知道自己是否想要或需要往身上噴細菌。克魯格說明初級需求和次級需求的差異：初級需求是你覺得自己需要一輛車，次級需求則是你認為應該要買一輛福特汽車。要產生初級需求需要經過典範轉移（paradigm shift），而這似乎就是皮膚益生菌市場還沒有爆炸性成長的原因。發生典範轉移之後，比起把皮膚上的微生物洗掉，人們會對培植皮膚菌叢更有興趣；如此一來，要讓消費者在各式各樣的選項中選擇你的產品就沒那麼難了，只要讓消費者的動態消息上都是你的品牌名稱就好。

這樣的轉移已經在進行當中。我與克魯格見面的幾個月後，彭博社（Bloomberg）報導 AOBiome 已將旗下的消費性系列產品授權給莊臣（S. C. Johnson & Son Inc.）的空頭公司；莊臣公司是生活用品產業的巨頭，販售從 Windex 玻璃清潔劑到 Mrs. Meyer's 手工皂等各種清潔產品。聯合利華和高樂氏公司也已經對益生菌品牌展開初始投資——對於以消滅病菌起家的清潔帝國來說，這無疑是一次重大的方針調整。

對於微生物群系的初步了解，甚至開始影響老字號系列產品的行銷方式。二〇一九年秋天，多芬在官方網站上發布了「照顧嬰兒肌膚菌叢」的訣竅。這則行銷廣告提醒父母要注重孩子的皮膚菌叢，因為這些微生物「可保護肌膚免於有害細菌的傷害，並能產生讓皮膚功能正常運作所需的營養素、酵素及脂質，有助保持嬰兒肌膚健康」。廣告內容鼓吹父母使用多芬嬰兒洗髮沐浴乳為小孩洗澡，聲稱這款產品含有「益生元保濕成分」。

這款產品就跟許多嬰兒沐浴乳一樣，主要成分是水和甘油。之所以能號稱是「益生元」沐浴乳，基本上是因為只要比其他肥皂少洗掉一些油脂，就可以算是比較不會干擾菌叢的沐浴產品。這是兩面為難的處境：既要銷售肥皂，又要暗示肥皂不好。就如同銷售溫和不乾燥配方的產品一樣，這些公司又朝販賣沒有任何作用的東西邁進了一步。不過，若多芬和其他主要肥皂品牌能成功克服這一關，應該就能繼續稱霸下去。這些品牌從抗菌往益菌發展的時間點和程度，將會決定它們的前途是好是壞。

有這麼多利害關係存在，我不禁覺得自己一開始只是要寫以洗澡為主題的有趣文章，結果不知不覺變成在探究這些市值百億的產業未來將走向何方。從事尖端研究的研究人員當中，有些人是受到想開發商品的公司資助或直接雇用。在這場護膚投注遊戲裡，要找到沒有牽扯金錢利益的專家聊聊，還真是不容易。

美國國家衛生研究院（National Institutes of Health）的總部，看起來就像都是科學家和醫生的大學校園。一棟棟實驗室散布在連綿起伏的綠色丘陵上，簇擁著中間那座舉世聞名的醫院；那裡有眾多專家學者致力於解開世界上最困難的醫學謎團。

這是馬里蘭州貝塞斯達（Bethesda）難得溫暖又不濕悶的一天，我來此拜訪第一位研究出皮膚微生物群系分布的茱莉・塞格雷（Julie Segre）。她在二〇一二年發表的期刊文章中表示，微生物群系堪稱是「我們的第二個基因組」，呼籲大家正視一個事實：我們體內外的微生物「是基因多樣化的來源，是疾病的調節因子，是構成免疫力的重要元素，也是能影響新陳代謝及調節藥物交互作用的有用存在。」雖然很多研究者把重心放在腸道菌叢，但她認為皮膚上的微生物應該要得到更多關注。

她帶我參觀園區，接著陪我到大多數皮膚研究進行的地方。這裡的門禁更森嚴，因為裡頭飼養著人類以外的靈長目動物，偶爾會有人試圖把牠們放出來。她走進可以俯瞰整座設施的辦公室，攤開一張彩色的皮膚微生物群系分布圖，看起來頗像脈輪示意圖或經絡分布圖。這張由塞格雷和研究同仁伊麗莎白・葛萊斯（Elizabeth Grice）製作的皮膚微生物群系分布圖，就像幾百年前的世界地圖一樣，是以有限知識所做的最佳推測結果。她說現在就像是剛發現一個新器官，才開始有一點初步了解，就好比古代的解剖學家已經知道人體內有肝臟，但還不清楚肝臟的運作方式。不過她說明，微生物分布圖是一個很好的起點。

人體每一平方公分的皮膚上大概有十億個細菌，全身共約有幾兆個微生物，至少包含幾百種不同的菌種。菌種會因我們身上各處的皮膚環境而異，皮膚環境可大略分成三種：油性、濕潤和乾燥。油性部位有額頭和胸部，濕潤部位是腋窩、手肘與膝蓋的皺褶處，還有鼠蹊部（腹股溝皺褶），乾性部位則是前臂。舉例來說，跟我左手肘內側微生物群系最相似的部位，不是我的左前臂，而是右手肘的內側。

這兩個地方都屬於鹽分高、易流汗的環境，所以會生長相同的微生物，即使在清洗過後也一樣。環境條件使得這些部位很容易長出會產生異味的細菌，但這些菌種根本不會定殖在前臂或腹部，因此這些部位不太需要特意清洗。

長在我們身上那些濕潤縫隙（這詞是塞格雷說的，不是我）裡的細菌，跟長在胸部的菌種完全不同。皮膚表面細菌數最多的地方是腋窩，這裡的頂漿腺提供了主要的食物來源，讓菌落可以直接獲得食物。畢竟，皮膚本身無法提供很多營養物質。「皮膚不像腸道那樣總有食物給細菌吃。」塞格雷說明。

人體皮膚上最常見的細菌，包括葡萄球菌屬（*Staphylococcus*）、棒狀桿菌屬（*Corynebacterium*）、丙酸桿菌屬（*Propionibacterium*）、微球菌屬（*Micrococcus*）、短桿菌屬（*Brevibacterium*）和鏈球菌屬（*Streptococcus*）等屬。在塞格雷打開的分布圖上，油性區域有很多痤瘡丙酸桿菌（*Propionibacterium acnes*），這種菌確實是因為和痤瘡有關而得其名，不過其中的因果關係還不明朗。濕疹往往發生在凹折的皺褶處，像是手肘內側和膝蓋後側，發作通常和葡萄球菌增加有關。

「這些疾病顯然和微生物失調脫不了關係，」塞格雷說明。人類幾十年來試圖將這些疾病歸咎於細菌入侵，也就是感染，而且傳統觀念一直認為可以藉由抗生素根除，現在發現真正的問題在於不平衡。我們一直到近年才有辦法了解這一點，因為以前沒有為這些微生物做ＤＮＡ定序的技術。

塞格雷曾在麻省理工懷德海研究所（Whitehead Institute）的基因體研究中心（Center for Genome Research）受過專業訓練，是第一代具備這種能力的科學家。她說自己之所以會進入這個領域是因為「我真的很喜歡整理大量的數據資料」，而基因體學研究正需要歸納大量數據。皮膚微生物的世界開始為人所知之後，就有龐大的皮膚數據資料出現。她第一次接觸到皮膚生物學，是在芝加哥大學跟著艾蓮・福克斯（Elaine Fuchs）進行博士後研究時；福克斯在二〇〇八年以皮膚幹細胞研究獲頒美國國家科學獎章（National Medal of Science），她的研究承襲了在麻省理工做博士後研究時的指導老師霍華德・葛林（Howard Green），他是在一九七五年時發現如何培養人類皮膚組織的學者。研究人員只要取得兩公釐的穿孔活體組織切片，分離出其中的幹細胞（也就是讓我們的皮膚角質可以不斷脫離剝落、用新生組織取代的細胞），就能培養出皮膚的所有皮層。

在實驗室培養出某個人的皮膚組織並非只是學術作業，這項技術有望用於治療需要移植皮膚的燒燙傷病患，因為使用病患本人的組織植皮可以大幅降低免疫系統出現排斥反應的機率。實驗室培養的皮膚組織還很適合當成測試皮膚產品和藥物的模型，微生物實驗自然也不例外。塞格雷的研究室已經用這種皮膚組織做了一些微生物測試。研究團隊使用的幹細胞主要是來自志願者在包皮環切手術之後捐出的皮膚，不過她表示也有不少人在各類切除手術之後捐贈皮膚。（人類皮膚幹細胞可以在網路上買到，像是有一家叫做 ProtoCell 的公司，以四百八十九美元的價格販售一個小瓶子，裡面裝有五十萬個來自包皮的纖維母細胞，但除非你懂得如何將細胞培養成皮膚，否則這東西一點用也沒有。）

塞格雷懂得怎麼用。有了這些研究室培養及3D列印產生的皮膚，她的團隊打造出不少微生物花園，得以好好研究不同菌種的功能。塞格雷團隊會假設不同的組合情況，然後以她所謂的「微生物對微生物競賽」進行測試，藉此了解不同菌種之間以及細菌與皮膚間的交互作用。以微生物的種類之多，加上皮膚條件的變異性，這種競賽大概得要進行幾百萬次的比試，而且所費不貲。提供研究資金給這些真正想要了解生態系統、不願止步於研發商品所需的學者，是一筆鉅額的投資。在電腦螢幕上瀏覽一張張照片時，塞格雷給我看她跟歐巴馬總統、傑克·吉爾伯特以及其他科學家的合照。幾年前，歐巴馬邀請他們到白宮敘談，想多了解有關微生物群系的資訊；這件事提醒了我們政府投資科學研究的重要性。若是沒有這類公部門支持，就連寫這本書的我，也只能從企業跟接受企業贊助的研究取材了。

儘管皮膚微生物群系的研究讓塞格雷很興奮，她對於大眾的漠不關心還是感到很困惑，簡直像是在為自己的孩子打抱不平。「我不懂，到底為什麼大家對腸道菌叢和皮膚菌叢的態度差這麼多，」她說，「一堆人想吃 Activia 優格來讓腸道充滿細菌，同時又想使用 Purell 乾洗手液。」

目前她認為有發展前景的不是益生菌（基本上，益生菌就是微生物），而是益生元——也就是各種能夠「培養微生物花園」的產品。大多數人的體內本來就存在正常和有益的微生物，或許比起增加微生物，我們更需要的是促進菌叢正常發展。我問過一些使用益生菌的人，有很多人都把益生菌當成和抗生素相反的東西。不過真正和抗生素相反的，其實是益生元：抗生素是抑制菌叢，益生元則可滋養菌叢。益生菌是完全不同的另一種概念，實際上可能是和宿主原本沒有的外來有機物一起進入體內。

想要認識、試驗及銷售益生元，可能更簡單一點。有很多東西已經在市面上，像是我們前面提到過用黏土製成的體香劑，很可能就有益生元的功效。市面上的另一個例子是神經醯胺（ceramide）。神經醯胺是一種脂質分子，不僅是人體皮膚上的天然產物，具有屏障及潤滑的作用，同時也越來越常見於護膚產品中。神經醯胺可以成為微生物的食物，而微生物會反過來向皮膚傳送信號，讓皮膚製造更多神經醯胺。至少，目前市面產品都宣稱有這兩種功效。我們還需要更多研究來了解這些化合物到底會對皮膚的微生物族群產生什麼作用，還有這些產品適合什麼人使用、應該用在哪裡。

「這些臉霜所用的成分，有時候我覺得都有可能是益生元。」塞格雷說，「如果能知道某一種微生物是否真的會把這個當成碳的來源、真的能吸收到牠們生長所需的營養素，那會很有趣。我想，大家其實已經在做這樣的實驗了，他們會說『我喜歡這款臉霜』或『這個我不喜歡』。」

我不得不問她一個私人問題，請教她個人的清潔習慣，她說她一向鼓勵大家用肥皂和水洗手，而且不要小看這件事情。洗手的習慣在流感和霍亂等疾病爆發流行時特別重要，每一次洗手都有可能是救命之舉。「但另一方面，我們可能是過度使用——絕對是過度使用抗菌肥皂了，而且可能因為用太多肥皂讓皮膚太乾燥，破壞了皮膚的屏障功能，導致出現濕疹的發炎症狀。」

罹患濕疹的孩子，大多數在成年之後就會自行痊癒。不過，塞格雷表示：「你可能會覺得『嗯，小孩是很可憐，不過等長大就好了嘛』，那如果我告訴你（濕疹）會影響孩子終生呢？希望我這樣講了之後，你就會有動力去避免孩子得到濕疹。」她指的是過敏進行曲，也就是食物過敏、濕疹和其他免疫系統過敏反應全部一起來的情況。

停止或逆轉這種情況乃是最終的目標。研究已證實盡可能多接觸微生物有助於預防過敏進行曲，尤其是幼年時期的接觸最有幫助。接觸皮膚微生物的確會影響過敏：加州大學舊金山分校的蒂芬妮・沙施密特（Tiffany Scharschmidt）在二〇一七年研究發現，小鼠若在出生後一週內接觸到特定品系的表皮葡萄球菌（*Staph. epidermidis*），日後再次接觸到同樣的細菌時，體內的調節性T細胞可以辨認出來；若是小鼠先前沒有接觸過表皮葡萄球菌，就會引發過敏反應。

就如同訓練免疫系統認識花生一樣，出生後的頭幾年似乎是關鍵。雖然免疫系統一直都具有可塑性，而且一生都會受到接觸的微生物影響，但在最開始的時候，免疫系統就像是剛剛澆灌下去的混凝土那樣容易塑形。之後我們的微生物可能會增加或減少，但是基礎不會改變。想要永久改變成人基本的皮膚微生物群相，似乎就困難得多。塞格雷描述的方法是這樣：首先，為了盡可能消滅你身上的細菌，要用一種叫做氯己定（chlorhexidine）的藥劑幫你洗澡——醫院加護病房在重症患者的免疫系統已無力對付最常見的致病細菌時，也會為病患做這樣的處置——接著再將能發揮正常作用的微生物群系移植到你身上。

這種作法已經成功運用在腸道菌叢。雖然皮膚菌叢的微生物較少，但是皮膚的生理性質（還有身體各部位的微生物群系差異）產生了其他難題。紐約州衛生署免疫學家蘇珊・黃（Susan Wong）研究過塞格雷所說的作法，結果發現，由於微生物群系似乎是來自毛孔深處，即使是這麼強力的治療，也只會對皮膚產生短期作用。一旦病患康復出院，他們的皮膚通常就會重新長出嬰兒期和幼年期就已定植的微生物群系。

也因此，細菌噴霧或許對幼童有用，但是不太可能有效治療成人。不過，塞格雷表示：「在我準備好把活生生的微生物放到小孩身上之前，還有一些問題有待解答。」目前的製藥技術不難算出藥物從人體排出所需的時間，因此對劑量和副作用都有某種程度的把握，也能確保身體最終會代謝掉藥物。「但是換成活的有機體，我們甚至無法確定它們會離開人體。」

已經有人準備好測試這樣的可能性。二〇一八年，新聞媒體報導出現第一個成功使用益生菌治療濕疹的案例；濕疹向來被認為是金黃色葡萄球菌大量增殖所導致，因為這種細菌所產生的發炎蛋白會造成惱人的搔癢感，引起濕疹發作，而且越抓越癢。美國國家過敏和傳染病研究所的專家不是試圖清除金黃色葡萄球菌，而是將另一種細菌噴灑在患者身上。研究人員將黏液玫瑰單胞菌噴在患者的手肘內側，以每週兩次的頻率連續進行六週；首席研究員伊恩・邁爾斯（Ian Myles）表示，經過六週之後，大部分患者的症狀都有所改善，紅腫與搔癢的情況減少了。有些受試者表示，即使在停止「細菌療法」之後，外用類固醇的用量也可以減少。於是邁爾斯的研究團隊在小孩身上進行同樣的實驗，得到同樣的結果——不僅如此，受試兒童皮膚的金黃色葡萄球菌數量還減少了。

「我們把來源健康的細菌定殖到異位性皮膚炎患者的皮膚上，希望能改變皮膚菌叢，進而減輕症狀，讓患者不必一直接受治療。」當時邁爾斯這樣表示。他還補充，如果日後臨床研究顯示這種策略確實有效，就能藉由長久改變微生物群系讓人們不必每天塗抹護膚產品。

雖然改造皮膚菌叢是新觀念，但也很有可能是我們一直以來間接在做的事情。對於濕疹患者，目前的標準治療方式就是使用抗生素、類固醇和潤膚劑（模擬正常皮膚所分泌油脂的保濕劑、乳霜或乳液）。塞格雷認為，潤膚劑的功效或許不光只是恢復皮膚的屏障能力，還有滋養其他微生物，例如促進玫瑰單胞菌或棒狀桿菌生長，這兩種菌可能因為沒有獲得足夠的資源而輸給葡萄球菌。不過上述的治療方式就算有用，也需要經過一段時間才能顯現出效果。很多人可能要一天擦好幾次才有效。

就假設上來說，想要打破症狀發作、類固醇和抗生素的循環，益生菌或許能派上用場，因為益生菌能夠主動迅速地在皮膚上重新繁衍。已經有人採用這種方式，將兒童未發炎處的皮膚菌叢移植到發炎部位，難題在於了解與濕疹有關的特定菌落以及菌相變化。

我們有沒有辦法得知小孩的濕疹可能發作，預做治療？最理想的情況就是可以定期檢測皮膚，在濕疹發作、進入惡性循環之前就先掌握治療時機。

加州大學聖地牙哥分校的理查．蓋洛也將兒童局部皮膚的部分菌叢移植到其他部位，獲得不錯的療效。根據《科學轉譯醫學期刊》（*Science Translational Medicine*）二〇一七年二月刊出的論文，蓋洛的研究團隊將兩種「好菌」分離出來加以培養，分別是人葡萄球菌（*Staph. hominis*）和表皮葡萄球菌；這兩種細菌會製造抗菌胜肽（antimicrobial peptide），可以抵禦金黃色葡萄球菌。研究人員將這種化合物分離出來加入乳霜中，然後塗抹（或說是「移植」）到濕疹患者的前臂，結果症狀有所改善。

「健康的人身上有很多細菌會製造以往我們不知道的抗菌胜肽，但若觀察異位性皮膚炎患者的皮膚就會發現，他們的細菌沒有製造這些物質。」當時蓋洛這樣表示。根據他的解讀，儘管人類研發出各種抗生素，但正常皮膚細胞所製造的化學物質或許才是解決皮膚菌叢失調的最佳利器。蓋洛實驗室的計畫首席研究員仲辻晃明（Teruaki Nakatsuji）稱之為「天然抗生素」，他認為這或許可以成為避免波及其他無害細菌的解決之道，有助減少濫用抗生素及細菌對抗生素產生抗藥性的情況。

當濕疹發作時，還有其他「天然抗生素」可能有助抑制金黃色葡萄球菌，其中之一就是陽光。挪威研究人員發現，如果每天固定接受紫外線B（UV-B）光照四小時，皮膚菌叢就會恢復正常。

皮膚微生物不僅帶來新療法的曙光（或者至少解釋了現行療法奏效的原因），塞格雷更認為這些微生物最有潛力的用途就是作為預測工具。每個人有效果的東西不同，要預測誰用什麼東西有效基本上很困難。在各種論壇上也可以看到，同一款護膚產品有人讚不絕口，但也有人覺得用起來完全是在浪費時間和金錢。

治療皮膚問題的過程未必得要像這樣反覆試驗，過去的作法不但令人洩氣，有時還會傷身。在未來幾年內，或許皮膚醫學家能夠為個人皮膚上的微生物群系進行基因定序，並與濕疹發作時的菌相做對照。就算濕疹不是單一疾病，這種作法也能清楚掌握病患的情況，了解個別病例濕疹發作的原因。這樣一來就更能鎖定目標展開治療，讓皮膚恢復正常。有些治療可能會使用益生菌或益生元，而不是抗生素。

於此同時，塞格雷等科學家正在將有限預算集中運用於人類眼前的威脅。目前最讓她憂心是一種能致命的「超級真菌」，她的同仁都在孜孜不倦地努力研究，希望對這種真菌有更多了解。這個物種一直到十年前才開始為人類所知，但如今已經成為美國疾病管制與預防中心最重視的問題之一。這種真菌叫做耳念珠菌（*Candida auris*），它讓塞格雷「迷住」了。

二〇〇九年時有研究人員發表報告，表示在日本一位病患的耳道中發現一種新的真菌品系。幾年之後，印度的醫院發生多起神祕的血液感染案例，研究結果顯示都和耳念珠菌有關；沒過多久，世界各地都開始出現耳念珠菌的菌株。耳念珠菌會定殖在人體皮膚上，當護理人員為病患做靜脈注射時就有可能進入血液中。這種菌如今大量出現在許多專業護理機構，以及提供長照和急診的醫院。美國在二〇一三年首度發現耳念珠菌，二〇一九年四月時，《紐約時報》以頭版報導美國國內至少已經有五百八十七個確診病例。到了同年十月，確診人數已經超過九百人。之所以稱為超級真菌，是因為這種新菌株對以往使用的抗真菌藥物具有抗藥性。

我訪問過的每一位微生物學家都同意，濫用抗生素可能比個人衛生行為更容易擾亂我們的微生物群系。減少洗澡頻率或許不會對皮膚的菌叢造成多少影響，不過扭轉微生物有害的觀念之後，我們可能會越來越少使用那些實際上會創造出「超級病菌」、對地球上所有非微生物構成威脅的抗菌產品。換句話說，我們對於乾淨清潔的觀念，影響力非比尋常。

塞格雷認為，大眾開始對「你是超有機體（superorganism）」的概念產生強烈興趣——這個概念是指人體內外有無數微生物存活，而我們選擇把任何東西吃進身體或擦在身上時都需要考慮這些微生物。整體來說，這是一件好事。二〇一三年時，有研究人員在《新英格蘭醫學雜誌》發表關於糞便微生物移植的論文，認為這種方式可望用於治療容易致命的困難梭狀芽孢桿菌（*Clostridium difficile*）腸道感染；當時許多人讀到這篇研究後都表示反感，甚至對有人去做這種實驗感到憤慨。這跟醫學界保守又講求衛生的觀念實在太過衝突，有些醫生直接表示不屑一顧。

到了貨架和冰箱滿是益生菌的今日，糞便微生物移植正在快速成為臨床實務的一環。儘管這種療法仍在初步發展階段，也還有許多尚待研究之處（包括一些非預期的影響，像是向來很瘦的人突然體重暴增、很胖的人體重銳減，彷彿新的菌叢改變了他們的基本代謝設定點），但有些病患確實因此撿回一命。我想了想，對塞格雷說，美國醫療保健體系約相當於全球第七大經濟體，結果我們近年來最令人興奮的突破之一是把別人的糞便放到自己身上，說起來也真是有意思。

我們兩人都望著不遠處發呆，我開口：「不管怎麼樣，時間差不多了。」

「是啊，有點晚了。」

她陪我一起搭電梯下樓，出電梯後，我跟警衛說我沒有偷偷夾帶任何猴猿出來。離開前，我問她知不知道有誰在研發皮膚用的微生物產品，又還沒有大肆宣傳的，塞格雷建議我去找茱莉亞·吳（Julia Oh）聊聊。於是我走出國家衛生研究院園區，向北前往那個將國家資助的基礎研究轉化為商業利潤的地方。

我來到位於康乃狄克州法明頓的傑克森基因組醫學實驗室（Jackson Laboratory for Genomic Medicine），在這裡，茱莉亞·吳正努力實現皮膚益生菌的願景。

吳曾在哈佛大學研究過真菌化學基因體學，接著又在史丹佛大學研究葡萄酒酵母基因體學，最後將研究重心放在皮膚微生物上。她認為葡萄酒對人類很重要，不過皮膚更為重要。她也很肯定地認為，皮膚微生物群系「對於皮膚健康扮演著積極且密不可分的角色」。

她所面臨的挑戰，是要了解我們身上的微生物究竟如何與皮膚細胞相互作用。二〇一七年時，吳獲國家衛生研究院頒發新創新人獎（New Innovator Award，其宗旨是支持「提出創新且影響重大之研究計畫、富有創造力的職涯初期學者」），得到兩百八十萬美元的研究經費，讓她研究如何改造微生物、應用在各種皮膚疾病和傳染病的療法上。由此可見，在皮膚研究領域中握有決策影響力的掌權者認為，下一代的產品將和運用及操控皮膚微生物的力量有關——甚至包括已經消失或尚未出現的微生物。

獲得這筆經費的前提，是她必須進一步探究不同的益生菌菌株如何融入現有的微生物群系。她的實驗室還同時使用實驗模型和數值模型來了解皮膚微生物群系的組成、對於外來干擾因子的應變能力，以及哪些因素會影響外來微生物在生態系中競爭與融入的能力。在我聽起來，護膚簡直就跟把人類送上火星一樣複雜，不過她顯得信心十足。

她認為益生菌有望改變皮膚疾病的治療方式：藉由改變免疫環境來讓皮膚感染或皮膚疾病更容易根治，或者藉由減少非必要的發炎反應達到治療目標。

想添加微生物來調整及轉變免疫系統，困難之處在於讓特定的微生物留在人體。在一項實驗中，吳的團隊每天在小鼠身上澆淋含有特定微生物的液體三次，持續二十週，但最後新菌株在小鼠的皮膚菌叢中只占了百分之二。研究人員由此得知，至少就這些微生物來說，還有某些先天影響因素會左右皮膚微生物群系讓其融入的彈性。有些菌株成功定殖在某隻小鼠身上，但在其他小鼠身上卻沒有順利繁衍增加。這純粹是生存空間的問題嗎？是毛囊中的微生物已經達到生態系的容納極限，所以其他微生物無法定居下來（「不好意思，這裡沒位子了」），還是因為資源有限？微生物會因為免疫反應而被拒於門外嗎？

若要透過可預期又安全無虞的方式改變一個人的皮膚微生物群系，得先了解這些影響因素是如何共同運作。有些微生物會分泌妨礙其他微生物定殖的分子，像葡萄球菌就是其中之一。有些微生物會藉由觸發皮膚的免疫系統，讓其他微生物難以生存。還有一些微生物能間接幫忙維持菌叢，牠們會吸食皮膚油脂，然後分泌酸性物質來降低皮膚的酸鹼值。從這些例子可以看出，就算是把看似沒什麼作用的微生物加入皮膚菌叢之中，也可能造成意想不到的混亂。

在探索這些交互作用之餘，吳和研究同仁還想發展其他作法：不是嘗試改變菌叢，而是利用原本就在人體上的微生物來幫忙提供藥劑給皮膚。研究人員認為微生物可以當成載體，供應可能會改變免疫反應的治療劑。

要達到這個目的，得先研究哪些微生物能活化哪些類型的免疫細胞。吳正在對皮膚微生物與免疫系統目前已知的交互作用進行分類建檔，她認為這個分類目錄可以用來跟任何一位病患的微生物分布圖和基因圖譜做比較；理論上，這樣就能分辨出病患的症狀是什麼微生物所導致的。

吳也開發出採用 CRISPR（常間回文重複序列叢集）技術的基因編輯工具，除了有助於了解不同細菌的作用，也能釐清是哪個細菌的哪一種特性改變了免疫系統。

吳還與生物化學家出身的創投業者崔維斯．惠特菲爾（Travis Whitfill）合作，將這個概念運用在治療皮膚疾病上。惠特菲爾是生物科技公司 Azitra 的共同創辦人，他在二〇一八年為該公司募得四百萬美元的資金，目標是「嘗試運用皮膚上的良性細菌治療皮膚疾病」，並獲《富比士》（*Forbes*）雜誌選入「三十位三十歲以下菁英榜」。截至二〇一九年年底，該公司已募得超過兩千萬美元的資金。

Azitra 的目標，是將細菌變成世界上最迷你的「藥頭」。吳和其他研究同仁選擇使用常見於人類體膚（因此很容易轉移到病患身上）的表皮葡萄球菌，他們修改這種菌株的基因，讓菌株分泌出各種免疫調節化合物——惠特菲爾稱之為可分泌「治療相關蛋白質」的「資產」，他希望這些細菌能協助治療各種皮膚疾病與症狀。Azitra 目前正在測試這些蛋白質能否在現實生活中發揮預期的作用，以及如何找出適合人體的正確劑量。惠特菲爾認為，這項研究最有潛力的發展，就是用於治療因缺乏特定蛋白質導致的罕見遺傳性皮膚病。現有的治療方法，往往是一天塗抹幾次藥膏，或是服用可能會影響其他身體器官的藥丸。相較之下，在皮膚培植能分泌藥物的細菌，或許能持續提供穩定的治療。

比方說，罹患 Netherton 症候群（Netherton syndrome）的嬰兒皮膚十分脆弱、呈鱗狀乾裂，尤其常有體液滲出，會讓病童有脫水的危險，也會讓可能造成血液感染、危及生命的微生物有機會入侵。活到成年的患者往往終其一生都會不時發作，有時會因為壓力誘發症狀。大多數患者同時還有免疫相關問題，像是食物過敏、花粉熱和氣喘等。這一連串的反應，似乎是起於某個過度反應的酵素造成皮膚破裂。在實驗室環境下，可以用一種叫做 LEKTI 的蛋白質阻斷這種酵素。二〇一九年，吳與研究同仁宣布他們成功製造出能夠分泌 LEKTI 的表皮葡萄球菌菌株。就理論上而言，在患者皮膚上培植這種細菌可以緩解症狀。這種療法目前正在進行臨床試驗。

Azitra 還有另一種專利菌株，目標是用於協助治療濕疹。他們為這種菌株加入製造絲聚蛋白的基因，由於絲聚蛋白可聚合角蛋白纖維，能夠幫皮膚阻隔外界物質。若是缺少絲聚蛋白，皮膚容易破裂，就會讓導致發炎的抗原有機可乘。盡可能減少濕疹發作造成的細微脫皮傷口，應該有助於停止或預防突然出現這類極度搔癢紅腫的情況。

把經過基因改造的細菌賣給消費者、讓大家在身上培植細菌，乍聽之下似乎不是什麼很好的銷售宣傳，因為和歷來大多數人的清潔衛生觀念大相逕庭。不過惠特菲爾相信，等到這類療法變得更普及的時候，大家對皮膚的觀念自然就會改變。Azitra 研發中的療法必須和處方藥一樣經過測試並受到規範，不過在二〇二〇年初，該公司也宣布將與拜耳公司（Bayer）合作，開發含有非基改表皮葡萄球菌的美容及個人護理產品。這類商品不需要像藥品那樣經過嚴格的測試過程，有可能更快上市，只是不得宣稱能改善或治療病症。「雖然包裝上不可以寫能治療濕疹，」惠特菲爾向我說明，「但可以使用『濕疹膚質適用』之類的說法。」

這些產品對於濕疹患者不一定有幫助，不過行銷宣傳仍會暗示產品有用；加上渴求解決對策的龐大消費族群，皮膚益生菌成為未來市場主流的條件已經齊備，此外還會有不少人使用類似菌株作為處方藥物。惠特菲爾在二〇一八年參加某個針對生物製藥投資人製作的 podcast 節目，在訪談中說明這種應用的基本概念；主持人整理總結時，雙眼大概出現了「$」的符號：「這樣說來，你可以跨足其他市場，像是化妝和美容用品，而且這類產品的成本和製藥落差很大。」

「沒錯，雖然沒有做優格那麼便宜，但也差不多了。」惠特菲爾回答，「我們在消費性保健品和非處方產品等方面有很多發展潛力。」若是利用FDA新推出的申請途徑「活菌生醫產品」（Live Biotherapeutic Products），這類細菌幾乎可以直接上市。

「大家開始對菌叢有比較多認識，而很多消費性產品對菌叢並不友善，」惠特菲爾繼續說，「這種產品的不同之處，在於能以自然又安全的方式和菌叢共存，恢復菌叢平衡。從市場調查的結果來看，我們很有把握消費者會想要這種產品。」

雖說我問過的大多數人對於泡在細菌裡面的想法並不怎麼熱中，但是「天然」或是「恢復平衡」這樣的產品訴求，一直以來都是讓產品躍升主流的成功法寶。當然，一項產品能吸引消費者購買，不代表就能發揮功效，而且對人體安全有益。此外，這類產品的效果在每個人身上也可能大不相同。每個人的膚質不同、微生物群系不同，免疫系統的調校情況也不同——這是人體微生物、接觸物質和基因傾向的交互作用累積下來的結果。要在一個人身上培植會繁殖、興盛（或死亡）的活菌，使得劑量標準化變得更加困難。

考慮到人與人之間的各種差異，還有長期在皮膚上培植新的微生物有多困難，原本看似樂觀的前提條件一下子就變得極為複雜。在這些理論性療法都還在發展的情況下，為了釐清有什麼能幫助人類，我回到了生物多樣性假說。症狀出現之後再來使用經過基因強化的皮膚微生物不失為一種方法，不過另一種作法就是直接試著培養健康的菌叢。經過時間驗證，提升免疫力最好的方式，似乎還是像前人那樣在幼年時期多接觸各種物質。如同吳自己下的結論：「如果皮膚菌叢生病了，我們必須找到治療標的。但如果你原本就擁有健康的皮膚菌叢，只要保持下去就好了。」

IX 煥新

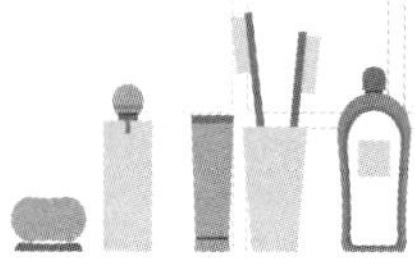

二〇〇八年的某天晚上，擔任公司業務人員的尚恩．希普勒（Shawn Seipler）躺在飯店床上，思考自己的存在是否真有意義。

他懷疑一直以來在科技產業促成企業合作的自己，並沒有為這世界帶來什麼正面影響。他想到每次出差耗費的資源。不光是在全國到處飛來飛去、一年有許多個夜晚住在不同飯店所產生的碳足跡，還有一些更小的東西。他打電話到飯店接待櫃台，詢問他們會怎麼處理客人留下的**肥皂**。

毫不意外地，接待人員回答這些肥皂會被丟掉。希普勒想了想這樣有多浪費：從美國的飯店住房率去推算，估計每天約有五百萬個肥皂遭到丟棄。

這讓他更難入睡了。

美國飯店業者從一九七〇年代早期開始效法歐洲的作法，提供肥皂給客人使用。每間精打細算的連鎖飯店都在費盡心思，希望花點小錢就能在競爭當中脫穎而出。擺在浴室裡的一小塊肥皂，或是放在枕頭上的一顆薄荷糖，都能讓客人感覺受到重視，就算環境其實不怎麼樣（如果用紫外線燈照一照，就會發現很不乾淨）。

使用過的肥皂或是剩一半的大瓶洗髮精，不像新品那麼容易讓客人感覺備受禮遇，所以樣樣都要獨立包裝，用摺得漂漂亮亮的紙包好或是裝在小塑膠瓶裡，而且客人離開後就要丟掉，即使看起來根本沒用過也一樣。

對於想避免浪費資源、有心降低環境衝擊的人來說，這個發現搞不好會引起恐慌發作（現在有些人已經診斷出罹患「生態焦慮症」〔ecoanxiety〕了）。

不過希普勒把這種焦慮化作力量，發揮在更有用處的地方。這件事情激發了他的決心，促使他創立一個專門組織來回收飯店的肥皂，將這些只使用過一兩次的肥皂融化重製，再放入全新的包裝裡（符合消費者期待的樣子），然後把這些全新的肥皂發送給需要幫助的人。這個組織叫做潔世（Clean the World）。

在潔世設於佛羅里達州的總部裡，工作人員忙著整理分類一箱箱沒怎麼用過的肥皂，這是為了避免不同的色素和香料在融化重塑時混在一起。這些塊狀肥皂會被切碎並一起融化；處理過程中的高溫會將任何殘餘的人體皮屑消毒乾淨，最後製成一塊塊好看的肥皂，送到世界各地。據潔世表示，他們大約已送出五千五百萬塊肥皂，共有超過一百個國家受惠。

這件事情的意義，並非僅止於避免浪費肥皂。雖然潔世的主要目標是預防與個人衛生有關的傳染病，不過提供肥皂之舉也是藉由滿足基本需求維護個人的尊嚴。過度使用衛生產品不光是造成環境問題，也不只是與抗生素以及在海洋中堆成垃圾小島的洗髮精塑膠瓶有關。就連先前提到的自體免疫疾病、濕疹、痤瘡、氣喘，還有我們在富裕國家遇到的其他種種問題，都僅是冰山一角。

在世界上大部分地區趨向過度使用和過度隔絕的同時，其他地方有二十億人正因為缺乏基本環境衛生設備而深受傳染病之苦。二〇一九年，聯合國兒童基金會（UNICEF）發表報告，指出全球有三分之一人口無法穩定取得乾淨的飲用水，有更多人甚至無法在家中使用肥皂和水洗手。這個世界的衛生問題，不只是清潔過多或過少，而是嚴重的資源不均。

潔世是聯合國「水資源暨衛生計畫」（Water, Sanitation, and Hygiene，簡稱WASH）的一環；這是聯合國致力「在世界各地終結極端貧窮、減少不平等及應對氣候變遷」而推動的計畫之一，其中許多工作關係到肥皂和水。全球最重大的衛生問題都和天災有關；舉例來說，二〇一〇年海地發生大地震之後約有八千人死於霍亂，但這種疾病只要有乾淨的水和衛生條件就非常容易預防。

然而，貧窮對健康造成的大多數影響都關乎日常衛生習慣。在二〇二〇年，全球五歲以下孩童的主要死因仍然是與衛生相關的疾病，前兩名是腹瀉和肺炎。在這些死亡案例中，估計有九成原本可以藉由個人衛生行為、環境衛生設備和乾淨的水來預防染病。以每花一美元能夠挽救的人命而言，沒有什麼醫療投資會比普設洗手設備和避免汙染飲用水源的廁所來得更有效率。

莫三比克是問題最明顯的國家之一，根據聯合國的資料，當地有一半人口難以取得安全乾淨的水資源。四十五歲的管家梅爾迪娜．賈蘭（Meldina Jalane）在莫三比克人口最稠密的城市馬布多（Maputo）長大，她用就事論事的平淡口吻告訴我，她的童年和剛成年的一段時間都在搬運家裡所需的水。她跟兄弟姊妹每週要跋涉四次去取水——通常是晚上去，除了避開酷熱的太陽，也減少遇到水井乾涸的機率。取好水再搬回來，倒進家裡的水缸。十歲時的她能搬五公升的水，成年後她成了專業搬水工，一次可以搬運四十公升的水（頂在頭上）到建築工地，用來混合水泥。

就算她家裡的水缸裝滿了水，從倒水到喝水之間還需要一個步驟。所有的水都必須煮沸才能飲用。現在賈蘭會使用一款叫做 Certeza 的產品，放進水箱中就能淨化水質。Certeza在葡萄牙文中的意思為「確定性」，是一款現場施加式的次氯酸鈉稀釋溶液，於二〇〇四年推出，由私營公司以政府補助的價格販售給民眾。這是一種個人式的淨水方法——不是將水集中消毒淨化，而是讓每個人自己攜帶一小瓶淨水產品，在喝水之前倒入水中消毒。

這類產品的供應有部分來自政府投資，部分來自國際援助。來自美國的布蘭達（Brenda）和史蒂芬・瓦德斯－羅伯（Stephen Valdes-Robles）夫妻與美國國際開發總署（USAID）合作，在過去十年中協助執行多項援助專案，包括這項計畫在內。他們表示淨水問題的嚴重程度，是已開發國家的大多數人完全無法想像的。安全穩定的公共供水系統如今在我們眼中是理所當然，但是在過去歷史的大多數時期，還有現在世界上的許多地方，都無異於奢求。

賈蘭最近首度造訪美國。來到紐約時，她說這座城市最讓她驚訝的一點，就是收垃圾的規律性。紐約在美國國內向來以聞起來有如垃圾場聞名，尤其是夏季。紐約衛生局能讓這座人口如此稠密的城市不至於飄出腐敗的惡臭，實屬奇蹟。

儘管水是如此珍貴的資源，讓自己看起來乾乾淨淨仍然是賈蘭和家人視為優先的事情，值得為此整晚走路搬水——或許也是因為水的稀缺性。賈蘭如果想要像現在這樣爭取到向上流動的機會，根據社會對於乾淨和階級的標準，她除了讓自己看起來乾乾淨淨之外，根本沒有其他選擇。

莫三比克的情況絕非特例。我們現在正處於公衛專家所謂的「全球水資源危機」之中——其實一直以來都是如此。儘管在矽谷高科技業和全球醫療科技研討會上可以看到種種尖端創新技術，能治療罕見的代謝症候群或解開癌症病理生理學的難題，學界仍為一個看似簡單的需求焦頭爛額，那就是讓人人都有水和廁所可用。

「個人衛生行為是地球上最符合成本效益的保健措施，」薩琳娜·普拉巴希（Sarina Prabasi）表示，「而且幾乎只需要肥皂和水就可以做到。」在我訪問她的時候，普拉巴希是WaterAid的執行長，這個非營利組織將健康與水資源視為一體兩面。他們到取水問題最嚴重的國家提供援助，在當地建置雨水貯集桶、汲水器和水井。普拉巴希團隊估計，全球約有六成人口承受著「水資源短缺壓力」（water stress），意思就是住家附近沒有可以安全飲用的乾淨水源。

這個問題不只代表成千上萬的兒童會死於傳染病，也代表對於全球半數以上人口來說，取得淨水成了最大的問題和最耗時的活動。普拉巴希曾經在衣索比亞協助處理當地的砂眼問題，這是全球原可預防卻造成失明的頭號病因。「那是我看過最可怕的一種病痛折磨，」她在描述砂眼導致的睫毛倒插如何讓感染越來越惡化時這麼說，「最主要的問題出在個人衛生，這種疾病可以透過洗臉預防。」

砂眼在學齡兒童當中很常見，靠免疫系統就能痊癒。然而在經年反覆感染之下，會導致眼瞼內側疤痕腫大和睫毛倒插，不斷刮傷角膜以致失明。這種問題發生在女性身上的機率是男性的四倍，原因可能出在女性承擔了絕大部分的育兒責任，比較容易被幼童傳染。世界衛生組織估計，每年因砂眼損失的經濟成本約有八十億美元。

像砂眼這樣的疾病如今只有在某些地區比較嚴重，然而普拉巴希觀察到一個更為普遍的問題，而且是許多人最難以啟齒的話題：月經衛生（menstrual hygiene）。忽視月經這個人類基本生理現象所造成的後果在全球處處可見，影響著某些教育未能普及、無法隨處取得個人衛生用品的國家（包括美國）的女性地位。在全球各地，每年都有數百萬名女孩因為與月經有關的個人衛生問題而輟學。

「這幾年下來，月經衛生在我們的工作中占比越來越高。」普拉巴希表示。她指出，月經汙名化的現象在尼泊爾特別嚴重，當地很多年輕女孩每個月都有四到五天不去學校上課，因為她們沒有辦法處理經血。

「很多女孩在學校無法確保隱私，或者根本沒有廁所可用，」她說，「導致她們學業落後，也就更有可能輟學。」

在莫三比克鄉間，只有百分之二十五的學校設有廁所。在這些因衛生資源不足導致嚴重健康落差的情況下，就算只是非常小的介入措施（或許只需要一小瓶非基改益生菌臉霜的成本），都有可能從此改變一個人的人生。

我在執筆撰寫這本書的過程中，有一次跟耶魯大學公共衛生學院（我在那裡任教）的院長開會，討論印象中我一直在談的唯一一個重點：個人衛生與皮膚菌叢。院長的眼睛為之一亮，說他在幾十年前，曾經因為相關死亡病例激增而做了不少陰道灌洗方面的研究。

陰道灌洗是指使用水和其他產品沖洗陰道以達到「清潔」作用的行為，但或許也是第一個普遍認定因清除微生物群系導致負面影響的例子。雖然公衛宣導逐漸讓大眾明白陰道灌洗並非必要且有安全疑慮，但這種作法已經普遍採行好幾個世紀。一九四〇年代，來舒（Lysol）主打「守護女性魅力」，號稱產品具有「經過實證的驚人殺菌功效，能在接觸時立即殺死病菌」，達到「真正清潔陰道」的作用。當時很多醫生推薦這樣的作法，或者認為是沒什麼壞處的清潔動作，直到流行病學專家發現灌洗陰道的女性感染率較一般婦女來得高。

要說服大眾相信消毒或清潔會帶來壞處並不容易，除非用來消毒清潔的產品本身受到汙染，然而那些病例的感染源都不是來自清潔用品，她們感染的多半是淋病和披衣菌。院長史丹．維蒙德（Sten Vermund）在二〇〇二年與研究同仁珍妮．馬汀諾（Jenny Martino）共同發表的論文中指出，灌洗會將本該存在於陰道中的正常菌叢清除掉。沒有了這些微生物，經由性行為傳染的病菌就很容易附著在陰道組織上，填補「生態棲位」（ecological niche）。

那時他們從事研究的地方是在阿拉巴馬州，當地醫生發現有不少病例因陰道灌洗出現危及性命的腹膜炎和子宮外孕，尤其是非裔女性和西班牙裔女性。感染範圍可擴及生殖道和整個骨盆。雖然陰道灌洗的風險在很多地區都已經宣傳了一段時間，但醫療照護資源較少的族群往往比較容易成為錯誤資訊和鎖定式行銷的受眾，也容易因為缺乏基礎醫療照護導致感染惡化。

之所以花了這麼久才找到問題所在，部分原因在於女性健康議題缺乏討論，這也是為什麼如今美國和其他地方還是有些女性會灌洗陰道。類似的公眾資訊不足問題，也可見於中毒性休克症候群的病例。中毒性休克症候群發生在免疫系統因為棉條孳生金黃色葡萄球菌而過度反應時，有致命的危險，而且往往與棉條留置體內過久有關。許多重症和死亡案例原本可以避免，前提是要有完善的資訊、人人都願意討論各種衛生議題的環境，當然還有容易取得棉條的管道。很多女性是因為能夠使用的棉條有限，而沒有經常更換。棉條和其他女性生理用品是少數可以視為必要的衛生產品，然而美國大多數的州仍對這些產品課稅。儘管有一條聯邦法律規定不得對醫療必需品課稅，現況仍是如此。

對於性與個人衛生這兩個話題的忌諱兩相結合，使得這些問題缺乏深入的研究和討論；同樣的忌諱也擴及肛門衛生。大多數的傳染病，歸根究柢都和排泄物處理有關，而如廁後洗手就是為了洗掉手上沾染的糞便。大多數人解便後並沒有徹底把手洗乾淨，甚至根本沒有洗手，即使是在有肥皂和水的地方也一樣。密西根州的研究人員在二〇一三年調查了公共廁所使用者徹底洗手的比例，得到的結果為百分之五。

當然，需要清潔的地方並不是只有手而已。從富裕國家來到美國的遊客，往往會對美國的如廁衛生標準感到震驚。乾式衛生紙占據市場主流幾十年，很少看到有廣告宣傳「更理想的屁股清潔方式」。單包裝的濕式衛生紙近年開始流行起來，不過這種東西很容易造成下水道阻塞，而且不便宜。有些品牌推出可生物分解的產品，標榜可以沖入馬桶，不過價格仍比一般捲筒衛生紙昂貴，運送產生的環境成本也增加了。世界上大部分國家老早就發現最為合理、最不會弄髒手的解決方法，就是使用坐浴桶（bidet），然而這東西對現今大部分美國人來說還是不在討論範圍內。

別人聽到你停止洗澡時，幾乎所有人臉上都可以看出他們在想有關廁所的衛生問題，不過只有少數人會真的把問題說出口。美國缺乏坐浴桶的現況甚至還成為某些人洗澡的原因，因為光是使用乾式衛生紙不夠。如果你做完園藝工作回到屋內之後不會用乾紙巾洗手，那為什麼會把用乾式衛生紙擦拭當成清潔糞便的標準作法呢？

儘管自詡「世界上最偉大的國家」和「山丘上的光輝城市」的美國創造出繁華榮景與各種發明，我們在肛門清潔這方面卻是一點進步也沒有。美國資本主義的強大勢力，使得這塊市場幾乎無人聞問。就連古羅馬人都有比乾式衛生紙功能更好的道具，他們喜歡使用末端有海綿的棍子刷屁股。

因此，我覺得我該好好談談這個主題。如果你對「肛門」一詞反感，或許可以跳過這一段，去外面走走，想想這股對肛門的恐懼是從何而來。請大聲說出這個詞，一遍又一遍，大聲一點，再大聲一點，直到它無法再讓你有什麼負面感受。這是有效清潔肛門的第一步，也是為全球環境與健康帶來重大助益而邁出的一步。對肛門有負面聯想是一件不恰當又很可惜的事情，因為它是個不可思議的人體器官。

我沒有花錢購置機械式的日式免治馬桶（雖然有些人覺得這種馬桶非常有用）

或是構造簡單一些的坐浴桶，也沒有想過要用海綿棒擦屁股。不過，我確實有很好的衛生紙替代品。

祕訣就在於，良好的肛門衛生就和生活中的許多事情一樣，能用水和一點衛生紙徹底達成。只要把衛生紙放在水龍頭下沾濕，即可擦拭，就是這麼簡單。

接下來別人往往會追問：「衛生紙弄濕的時候不會破掉嗎？」答案是不會，除非你把整張衛生紙泡在水裡。只需要少量的幾滴水，就能有乾式衛生紙永遠無法達到的效果，而且不必購買昂貴的超柔軟衛生紙（有些還標榜含有**保濕成分**）。這也代表可以選用比較便宜的衛生紙，並且減少用量，因為沾水可以讓清潔過程更有效率。

這種作法在公共廁所確實比較難以實行，畢竟跑去洗手台旁邊擦屁股絕對會讓旁人大翻白眼，除非你想藉此引起大眾關注，提醒大家其實全世界有將近七億人口只能在戶外方便。在馬達加斯加、莫三比克、納米比亞和辛巴威的鄉間，「露天便溺」的人比有簡陋茅坑可用的人還要多。

不管你要怎麼擦屁股，記得務必把手洗乾淨。

二〇一七年，皮膚生態學家珍妮．萊蒂馬基走過哥本哈根某個住宅區時，看到一個都是孩子的遊戲場。「我真的嚇了一跳！」她回憶當時情景時仍掩不住欣喜，因為和一般遊戲場不同的是，這個遊戲場裡面有乳牛。她四處張望，看到還有雞、羊和小馬。身為生態學家的她偶然發現都市裡有生態多樣性如此豐富的棲地，也難怪會如此興奮：「我當下的反應就是想知道**這是什麼地方？**」

這個地方不是動物園，只是一個有動物的公園，叫做邦德花園（Bondegarden），丹麥文的意思就是「農場」。原來，像這樣的公園有好幾座，源自丹麥政府對家長的承諾：「讓您的孩子可以體驗、觸摸及親眼見識各種不同的動物。」邦德花園還提供課後活動，讓孩子實際參與照顧動物的工作。萊蒂馬基非常喜歡這點，因為小孩不但能在養雞的過程中學習責任感、培養意志力，還可以接觸到動物身上的微生物，她認為這樣的接觸會帶來實質的助益。萊蒂馬基表示，她自己非常希望能在家鄉芬蘭看到這樣的場所（聽到連芬蘭居民都會羨慕其他國家的社會進步程度，好像讓人心理比較平衡一點）。

這種親近自然的育兒方式正在逐漸流傳開來。芬蘭就有一些自然導向的日間托育中心，他們不是只有畫畫樹木、給小孩唸唸愛默生的書而已，萊蒂馬基表示：「那些孩子整天都待在戶外，冬天也一樣，就算氣溫可能低到（攝氏）零下二十五度。」根據芬蘭新聞媒體對於其中一間日托中心的報導，他們會建議家長幫小孩多穿幾層衣服。報導中也指出，這些三到五歲的小孩抱怨太冷時，大人會要他們多跑動：「如果孩子覺得冷，大人會鼓勵他們動起來。」春秋兩季時，他們還有「帳篷週」，會在森林裡過夜。

萊蒂馬基就是在一間類似這樣的日托中心進行研究，比較裡面的孩子和傳統日托中心幼兒的皮膚菌叢有什麼差異，結果毫不意外地發現這些孩子的皮膚菌叢多樣性較高。我很難想像要在美國實行這一套，畢竟我們美國人大多對小孩呵護備至，要是孩子因為失溫有個三長兩短不告死對方才怪。不過，主張親近自然的教育機構確實正如雨後春筍般出現。在我位於布魯克林公園坡區（Park Slope）的住家附近，就有一間叫做「布魯克林之森」（Brooklyn Forest）的學齡前親子教室，宗旨是「藉由豐富體能活動和營養食物、簡單韻律和盡情歌唱，還有把森林當成自己家的體驗，協助孩子與大自然和野生動植物建立深刻的連結。」

這樣的連結，可以在展望公園（Prospect Park）看到。一百五十年前建立這座公園的用意，正與布魯克林之森的宗旨不謀而合——只有歌唱這部分沒有明白寫在設計者費德里克・洛・奧姆斯德（Frederick Law Olmsted）的願景當中。奧姆斯德以打造三百四十公頃的曼哈頓中央公園成名，被譽為「景觀設計之父」。展望公園位於布魯克林中心地帶，面積只比曼哈頓中央公園略小一點；園內有座涼亭裡掛了一系列的看板，敘述著這段看似不可能實現的公共空間發展史。在十九世紀中期，大型公共園區還是非常新穎的概念：「美國城市普遍面臨貧窮、社會動盪、衛生條件不佳和傳染病流行的問題，使得許多市政領導者認為都市生活帶給市民太多壓力，」其中一塊看板這樣寫著，「展望公園應運而生，旨在讓全體布魯克林市民都能感受大自然促進健康、穩定心理的作用。」

「應運而生」四字可謂是輕描淡寫；建設這樣的場所曠日費時，工程費用也很可觀。展望公園原本預計的建造成本為三十萬美元，結果花了七年才完工，總計花費超過五百萬美元（換算成今日幣值超過一億五千萬美元）。奧姆斯德和團隊同仁將每一寸土地精心繪製成地圖，將整座公園設計成理想的「自然」景觀。展望公園有許多森林和草地，其間坐落造型典雅大方的隧道，橋梁靜靜屹立在巧妙蜿蜒的潺潺溪流之上，還有極富自然野趣的玫瑰園和祕境般的瀑布，在在都透露出設計者將景觀營造得渾然天成的用心。

促成這項計畫的願景，建立在重新理解現代生活缺乏什麼、造成未來疾病流行的因素是什麼，而阻止傳染病蔓延的方法又是什麼。

富有理想主義的奧姆斯德在一八四〇年代花了十幾年嘗試不同的職業，尋找對他來說有意義的工作。奧姆斯德出身於清教徒家庭，家境不虞匱乏，讓他得以探索各種發展的可能性。他曾以實習船員的身分航行到中國，後來又在史泰登島（Staten Island）開農場，一直在尋找能對世界有所貢獻的方法；根據一本傳記所述，他有個老毛病，就是「覺得為了賺錢而從事某個職業是件討厭的事。」

於是，他成了記者。隨後而來的是一連串《阿甘正傳》（*Forrest Gump*）式的職涯際遇，他參與到美國影響最為重大的一場戰爭、接觸多座大城市的設計工程、省思城市的本質為何，並接下推動衛生保健的政府職務。奧姆斯德早年撰寫的新聞報導大多和美國南部各州的蓄奴制度有關，不過他是在一八五〇年到英格蘭旅行散步時，才明白自己的天職所在。當時英國第一座以公共資金建造的公園才剛落成開幕，那就是利物浦（Liverpool）市郊的伯肯希德公園（Birkenhead）。奧姆斯德前往參觀，根據傳記作者描述，他因此有了一番領悟。用現在TED講者們愛用的術語來說，那就是所謂的「啊哈時刻」（aha moment，指腦中靈光一閃的時刻）。

奧姆斯德注意到伯肯希德公園讓藝術、自然以及來到這裡的群眾融合在一起。特別讓他驚訝的是，伯肯希德公園的美景是開放給「所有階級的人平等共享」，因為當時大部分的庭園都是建造在私人土地上，或是像曼哈頓的格拉梅西公園（Gramercy Park）一樣大門深鎖。

「成為大熔爐」看似是美國的使命宣言之一，然而實際上富裕地主和貧窮移民之間涇渭分明，並沒有多少融合的空間。其後幾年間，奧姆斯德到《普特南月刊》（*Putnam's Monthly*）擔任編輯，在走路通勤的過程中見證了曼哈頓下城（Lower Manhattan）的誕生。十年前還是農地的土地，成了眾多迅速蓋起的低矮建築構成的迷宮，其中有許多狹窄陰暗、不是超熱就是超冷的公寓，這些建築後來被稱為廉價公寓（tenement）。

許多廉價公寓之後經過全面翻修，以幾百萬美元的價格出售，不過還是有些保留了下來，提醒著我們都市生活對於維護健康構成什麼樣顯而易見的難題。我去參觀紐約的廉價公寓博物館（Tenement Museum），一開始覺得以紐約標準而言屋內空間算是很寬敞，直到導覽員告訴我每間公寓大概有十個人擠在裡面生活。我參觀的那間房子原本的屋主還算幸運，後院有三間廁所，只不過要跟一樓酒吧的客人共用，其他房子的住客就得到大街小巷上便溺了。

一八五七年夏天，曼哈頓爆發多起暴動。在過去四十年間，這座島上的人口成長了四倍以上，原本吸引移民前來的空間和資源突然顯得十分有限，民眾逐漸產生匱乏之感。在發生暴動的前幾年，紐約已經人滿為患，市政當局認為社會動盪的解方在於公共空間，於是在曼哈頓島上規劃出一塊長形區域，後來成為美國第一座開放給大眾的公園。雖然這座公園是建立在日後房價上漲到每平方英尺（約零點零二八坪）將近兩千美元、而且每寸土地都是高樓大廈的區域，但是當時市府以將紐約打造成偉大、令人羨慕的國際化城市為願景，獲得金融菁英的支持，劃出了這**三百四十公頃**的土地。

為了呼應美國重視競爭的精神，紐約舉辦了公園設計比賽。奧姆斯德與建築師卡爾弗特・沃克斯（Calvert Vaux）合作參賽（據說沃克斯的實際貢獻比較多，但比較不為人所知）。兩人在一八五八年獲勝，他們的設計並非只局限於公園的概念，而是將藝術與文化生活的願景融入其中，在這一大塊區域加入一座哥德式城堡，成為行人漫步時的方向指標。當時城市地區的天空都布滿工業產生的廢氣，奧姆斯德認為大型公共公園應該要成為「城市之肺」，這種想法可能是來自於古早以前的瘴氣致病論（也就是以為瘟疫等病害是藉由神祕的水蒸氣四處擴散），不過乾淨空氣對於健康很重要這點確實沒有錯。瘴氣其實就是代表**髒空氣**或**汙染**。

雖然瘴氣論嚴格說來並不正確，但也促成了重大的健康改革。奧姆斯德和沃克斯強調要打造排水良好的土地、水道和「衛生設施」——也就是公共廁所。在紐約大部分地區，要上廁所得先買一杯三美元的義式濃縮咖啡。有些我認識的人之所以一直付錢維持昂貴的健身房會籍，其中一個原因就是方便使用洗手間。相較之下，中央公園裡就有二十一間公共廁所。

現在看起來，這是堪稱超乎現實的社交生活願景。市政府建造的不僅是廁所，而是以磁磚精心鋪就的公共衛生聖殿。中央公園裡最大的噴泉，其實是在向十六年前第一座將淡水從北部引入市內的輸水道致敬。我們曾經很明瞭乾淨的空氣和水、自然環境以及公共空間有多重要。

中央公園在二〇〇五年的土地價值估計超過五千億美元，而且隨著紐約的房地產市場持續成長，這個數字跟著水漲船高。當然，如果這塊土地是用來蓋房子，曼哈頓的房地產價值一定會一落千丈，居民健康和社區條件可能會明顯惡化。

奧姆斯德對中央公園的貢獻，受到紐約一位獨神論派[21]牧師亨利·貝洛斯（Henry Bellows）的注意。在美國南北戰爭開打之時，貝洛斯協助北方聯邦建立美國衛生委員會（U.S. Sanitary Commission），致力改善軍營的衛生條件，他推薦由奧姆斯德來領導這個新成立的組織。奧姆斯德為這個新的跨領域團隊招募了各方人才，除了醫生之外，還包括建築師、工程師、神學家、慈善家和金融分析師。

聯邦軍的將領起初並不情願讓衛生委員會重新設計軍營，認為這些事情只是干擾。週期性爆發的天花或黃熱病等嚴重致死疾病或許還會引起大眾關注，然而其他疾病（包括結核病、瘧疾、肺炎和腹瀉）都被當作無可避免的正常現象。

這種情況在一八六一年聯盟軍於牛奔河（Bull Run）戰敗之後出現了變化。林肯總統非常希望能扭轉情勢，奧姆斯德領導的衛生委員會就提出諫言，認為士兵的生活條件不佳是潰敗的主因之一。奧姆斯德在給總統的報告中寫道，部隊在疲累、炎熱和「缺乏食物飲水」的情況下，士氣已經消磨殆盡。當然，軍旅生活本來就處處不便，然而軍營的環境特別骯髒不堪。華盛頓的將軍和指揮官們只關切部隊的武裝和行動力，除此之外都是浪費多餘之舉——絕非戰略考量。

奧姆斯德堅稱這些事情也與戰略有關。他推動政府投注資源確保軍人的健康，好讓部隊能發揮戰力。粗略來說，這是歷史上最早爭取到的職場健康計畫之一，就好比如今Google公司的健走機辦公桌和《哈芬登郵報》（*Huffington Post*）的午睡

譯註21　獨神論派（Unitarianism）：基督教中否認三位一體和基督神性的派別。

艙。為了讓戰力有效發揮，奧姆斯德督促政府優先考量預防醫學和軍人健康。

美國政府最後終於准許衛生委員會進入軍營，奧姆斯德和團隊同仁隨即要求改變軍營的空間配置，減少食物和飲水遭到汙染的機會，還有讓士兵的擁擠寢室通風，並改善食物儲存和調理時的衛生安全問題。經過一番變革，軍隊士氣和戰力大為提升，這些經驗也廣為運用在日後的戰役中。奧姆斯德的衛生委員會成了美國紅十字會（American Red Cross）的主要前身。

這些只是他在公共衛生領域最初期的影響，他日後更對形塑美國形象與文化做出無數貢獻，讓這個國家從歷來最嚴重的分裂走向和解。

大約在同一時期，與美國一海之隔的英國正在克里米亞作戰，抵禦入侵的俄軍。由於水土不服加上受傷體弱，有大量士兵因為傳染病而死亡。根據某些紀錄，死於傳染病（斑疹傷寒、傷寒、霍亂和痢疾）的士兵人數比戰死沙場的人數多出十倍。

英國政府為此召集了一個護士團，由佛羅倫斯．南丁格爾（Florence Nightingale）帶領前往戰場。護士團抵達軍醫院時，發現受傷和瀕死的士兵們置身在相當可怕的環境中。一八〇〇年代的醫院不是醫病治傷，而是讓人受苦至死的地方，就像是踏入地獄前的門廳——或是天堂前的門廳，抱歉，我是要說天堂，看你怎麼想都行。

南丁格爾發現醫院病房陰暗潮濕至極。就算不懂菌源說，也可以看出那些傷兵的鬍子和床單上爬滿蝨子和跳蚤，隨處都是便溺，地上鼠輩橫行。南丁格爾認為這些士兵需要的是空氣。英國政府派了新設的「衛生委員會」前來協助，她便指示他們在病房鑿出新的門窗，讓微風可以吹進房內。

士兵們的病情幾乎是立刻就出現起色，雖然沒有人知道確切的原因。倫敦的《泰晤士報》（*Times*）更形容南丁格爾為「守護天使」。據說軍隊一開始並不認為她的努力對於戰爭有多少幫助，但隨著死亡率開始下降（有一份報告指出死亡率從百分之四十降低到百分之二），不但軍方高層注意到了，就連英國女王也有所聽聞。

南丁格爾成為改善醫院護理及環境條件的重要推手。她在克里米亞戰爭中的事蹟傳揚開來之後，許多醫療機構也改變了作法。南丁格爾在著作《醫院筆記》（*Notes on Hospitals*）中，主張改善通風、增加窗戶、設置排水系統和降低病床密度——換句話說，這些作法已經預測到如何解決現代城市和醫院所面臨的困境。

當時的南丁格爾堪稱為世界上第一個推動衛生觀念的名人，然而到了十九世紀末，菌源說的理論基礎成為主流，南丁格爾主張的空氣流通、接觸自然等作法，在一連串根除微生物的運動之中逐漸被忽略。人們對於汙染和感染理所當然地產生恐懼，隨著這樣的觀念越來越受到重視，清潔也成了滅菌的同義詞。現代醫院爭相提供看起來極為乾淨清潔且注重個人隱私的環境，病患都住在狹窄又通風不良的房間。窗戶不但開得小，而且為了節省暖氣費用和追求無菌，幾乎都是隨時緊閉，不讓風把任何東西吹進來。

一直到近年，人們才開始理解這樣的作法有何弊病。專家運用氣流模擬技術追蹤醫院內爆發感染的軌跡，發現只要開窗就能避免許多院內感染事件。我們對於微生物群系的認識也顯示，重點不只是在於把病原體趕出去，還要讓益菌和其他無害的微生物進來。

微生物學家傑克·吉爾伯特在二〇一二年的某場研討會中表示：「醫院環境中也存在好的菌群，如果一味用殺菌劑和過量的抗生素消滅這些菌群，其實是在破壞這個有利條件以及保護層，然後壞菌就會趁虛而入，引發院內傳染（或者說是醫院促成這樣的傳染）。」

微生物界清楚凸顯出健康乃是一種平衡狀態，既是個人和公共衛生的平衡，也是接觸過多與隔絕過度之間的平衡。以富裕階級來說，往往是過度隔絕的情況居多。我在二〇一七年採訪過企業家狄帕克·喬布拉（Deepak Chopra，他同時也是有「超過八十六本著作」的作家），當時他剛開了一家專賣「健康宅」的新公司。這些位於紐約和邁阿密、開價數百萬美元的高級公寓，配備精心設計的空氣過濾系統，以及號稱能殺死所有微生物的廚房流理臺。

如果這個健康宅公司採用科學根據，很有可能會走向截然不同的發展方向。他們應該會打造出非常有利於社交關係和接觸的健康宅，甚至是讓室內空間和桌面、檯面都變得更適合無害及有益的微生物繁衍。現在已經買得到室內細菌噴霧（Goop上面就有一款在賣，是我開始寫這本書時推出的）還有「家菌」（homebiotic）裝置，可以在家裡噴灑，增加空氣中的細菌。不過吉爾伯特表示，還有別的方法經過實證更為有效，也省錢得多，那就是：打開窗戶。

當然，那是在空氣汙染程度容許開窗的情況之下。

在又小又貴的公寓裡過了灰暗的五個月之後，我第一次在展望公園度過溫暖的週末，感覺每個人都重拾活力，變得神采奕奕。雖然我住的公寓只有七坪大，但是這兩百一十三公頃的空間感覺也像是屬於我的——而且比只屬於我一個人的地方更好，因為獨自一人在這裡走來走去毫無樂趣，還有那棟船屋的維修費用也會把我逼瘋。展望公園最受歡迎之處就是園內的環狀道路，這條柏油路全長將近五公里，不開放車輛通行。就算在市郊，也少有地方能讓人跑步或騎單車時不受車輛或十字路口干擾，這能讓人全然沉浸在思緒中。我常來這裡跑步，跑起來的感覺和市內其他地方完全不同。本書有一部分是在公園裡的野餐桌上寫出來的，我也會一邊在步道上散步一邊跟研究人員通電話。此外我也是園內公廁的愛用者。

如今，全球人類在健康方面最迫切需要滿足的需求莫過於乾淨的空氣和水，其次則是廁所、社交連結、接觸自然的機會，以及在安全的環境中過著正面積極的生活。如果希望對促進人類健康有所貢獻，上述任何一個目標都是很好的方向，而且不需要取得醫學院學位，也不用為了成為醫生背負學貸。這些概念——以及如何照顧皮膚這個問題的答案——都體現在展望公園裡。

奧姆斯德留下的作品至今仍是紐約市的中樞骨幹，他參與的設計案還有聯合廣場（Union Square）、晨曦公園（Morningside Park）和河濱公園（Riverside Park）等等，他的願景也融入全美各城市的建設之中。隨著都市化程度增加、水泥叢林步步進逼，奧姆斯德踏足全美各地，像播種般到處留下公園。他深知美國的快速成長在城市地區會產生更明顯的影響，因此保留了公共空間，讓不同階級得以融合，也讓城市裡的空氣和水能夠循環流通。他預見中央公園有朝一日會成為大都會的中心，將自己的設計作品視為保留給未來世代的資產。

他留給我們的贈禮，包括美國國會大廈和華盛頓特區國家動物園的庭園、一八九三年芝加哥世界博覽會的園區、史丹佛大學的校園，以及路易維爾（Louisville）、亞特蘭大（Atlanta）和水牛城（Buffalo）的公園等等。他最後搬到波士頓，為這座城市設計了一條帶狀綠林區，總面積約四百公頃，串連從多徹斯特（Dorchester）、後灣（Back Bay）到波士頓公園（Boston Common）的九座公園，全長約十一公里。奧姆斯德本來想將這片綠帶命名為寶石腰帶（Jeweled Girdle），幸好最後有人幫他改為綠寶石項鍊（Emerald Necklace）。這九座公園之間以他口中的「休閒道路」（pleasure road）串起，而這個概念後來就演變成「園林大道」（parkway）。

除了這些生機盎然、追求公眾健康的建設，公共供水及汙水處理系統也陸續出現，讓全球人口壽命延長了幾十年；在此同時，私人企業也開始研發控制及治療疾病的醫藥。種種因素加總之下，醫學界和公衛界逐漸控制住天花、小兒麻痺症和白喉的疫情。在北美洲，瘧疾和黃熱病基本上已經徹底根除。

有能力處理及醫治病患之後，醫學的未來發展似乎變得一片光明。醫生不再只是減輕不適、止痛和截肢，而是真的能治癒病患，甚至能治療病程還僅止於細胞病變的疾病。健康方面的資源投入重點轉移到個體治療，而且逐漸變得越來越趨向個別化、高價化。我們現在已經進入「個人化醫療」（personalized medicine）的時代。我在二〇一六年主持過一場推動精準醫療倡議（Precision Medicine Initiative）的座談會，歐巴馬總統和美國聯邦機構的重要科學家們在會中宣布，將投資開發可針對個別病患生理條件量身打造療法的醫療技術。

當時我只是有點疑慮，如今我明白這種思維會轉移我們的注意力，忽略我們更迫切需要的是建立積極、互助、充實、社會化的生活型態，這方是保健之本。當然，這兩種作法並非無法共存，不過我們已經太過著重自我保健、營養補充品、處方藥物、皮膚護理、私人健身教練、權威專家，以及針對我們DNA設計的藥品。而且，我們很快就會開始針對個人微生物群系設計藥物了。

現在，我看著製藥、美容、營養補充品等價值數十億美元的產業在個人化趨勢上耗費的成本，很難同意現在的首要之務該是繼續投資開發只適用於少部分人的治療方法。這些保健方式本質上是在症狀和疾病發生之後給予治療，絕少是用於預防疾病——因為市場誘因是讓產品用途更多，而非限縮用途。

如今，開發中國家有許多城市正在迅速發展，但其中仍有數百萬人的生活條件無異於紐約下東城（Lower East Side）當年的那些廉價公寓。以前因匱乏而普遍存在的疾病仍舊猖獗，現在還有因豐裕而產生的疾病伴隨出現。世界上有些地方仍缺乏基本的環境衛生和個人衛生設施、食物及飲水，有些地方則是囤聚資源，多到足以產生弊害。

一個半世紀前，奧姆斯德為了公眾健康的願景建造出一座座公園；一個半世紀後的現在，我們建造了圍欄與高牆，許多人住在尾端封閉的囊底路內，住家前的草坪上灑滿殺蟲劑和除草劑，那不是用來清除特定的雜草，而是將其中所有的生物都消滅掉。我們的浴室裡擺著各種瓶罐、乳霜、噴霧等，以前這類產品大多號稱能保護我們免於外在世界的傷害，現在則有越來越多標榜能恢復我們清洗掉的生態系統。

一九五〇年的都市人口為七億五千一百萬人，如今已達到四十二億人。預估到二〇五〇年時，環境惡化、建築林立的城市中還會增加二十五億人口。每個人接觸自然、陽光和運動空間的機會都將變得更少。我們改變周遭世界的同時，也是在改變自己的身體，以往認為環境健康與人類健康是兩件事的觀念已經不合時宜。

這就是為什麼我覺得獨自站在一扇無法打開的窗戶前，從七樓眺望外面的布萊恩特公園、等待別人幫我在臉上塗抹玻尿酸和昂貴精華液，是一件十分荒謬的事情。

我並不是建議人人都該放棄護膚或停止洗澡。整個實驗過程最重要的意義，是讓我了解到這些事情的價值所在。這些習慣完全屬於個人，重要的是讓每個人有最大的自主權去做出相關的選擇。不過這得要有充分的資訊才能做到，而資訊這方面正是大環境中許多體制未必對我們有利之處。本書的用意，只是希望對個人護理習慣如何影響身體和內外世界提供另一種觀點。若要促進公眾健康，必須不斷對擅自為我們使用的物品和我們的行為設定標準的體系提出質疑。我們得要了解這是與所有人切身相關的事情，將自己與維持生物健康所需的自然物質隔絕、追求無以名狀的乾淨清潔，無助於解決任何問題。

後記

在有嚴重傳染病的時候，醫院是最危險的地方之一。醫院裡面沾染最多病菌的，恐怕就是穿梭於每間病房、接觸每個病人的人員。雖然現在規定醫生必須清洗雙手，但是他們身上的白袍通常很少清洗。有人問我為什麼醫生會穿著刷手服到公共場所，又該離他們多遠以策安全，我實在給不出確切的答案。這種作法並不理想，而且這些穿著刷手服的人的確很有可能將致病微生物散播到社區裡。不過恐怕更需要注意的是醫生和其他護理人員會在醫院內傳播傳染病。根據美國疾病管制與預防中心的資料，美國醫院內每天都有三十分之一的病患因為暴露在醫院環境中而染病。

我在當住院醫師期間，曾經在我們劍橋的小醫院做過一項研究，想了解病患對醫生的穿著有什麼期望。我做了一份問卷，上面有我各種穿搭的照片：穿刷手服配白袍、單穿刷手服、穿襯衫打領帶、穿襯衫不打領帶、有穿白袍、不穿白袍……等等。結果發現，每個人的偏好都不一樣。有些人比較願意信任穿著正式服裝的醫生，就算他們知道有些令人擔憂的因素存在，例如領帶不會戴過一次就清洗。有些人希望醫生穿刷手服，因為這樣看起來比較像是準備好可以隨時上陣，而且刷手服也比醫師袍或領帶更常清洗。

我從中理解到，雖然這些配件某種程度上有點危險，但對於醫病互動來說有其作用。有些人把這些東西看作地位的象徵，認為會造成溝通與信任的障礙；也有人視之為專業與自信的表現。如果真的像某些醫院的感染控制單位想推行的那樣，要求醫師穿著拋棄式全身工作服和呼吸防護罩走進病房，這些作用也會隨之消失。

這麼極端的防護方式，也會讓醫院裡（突然意識到自己是所謂「病患」）的人們比往常更覺得自己不被當人看待。醫生在接觸任何病人前後都必須清洗或消毒雙手，這雖然是基本要求，但已經讓某些被接觸者覺得自己像是什麼噁心的樣本。有時候這些防範措施關乎人命，但是也會阻礙關係、造成疏離。

無論是不是醫師身分，我們傳達給其他人的心理訊息就是維持基本清潔程度的原因之一。我依然不會像傳統觀念那樣「洗澡」，不過同一件白袍我絕對不會沒清潔過就連穿兩天。我也不會在醫療場所配戴領帶，除非我清洗領帶跟其他衣物一樣頻繁。我常常早上打開蓮蓬頭沖濕頭髮，否則整天頭髮看起來都會像剛睡醒一樣又亂又翹，我不覺得這樣能獲得別人的敬重。

在寫這本書的過程中，我明白到虛榮心是影響我們如何照顧皮膚的一個原因，不想讓別人反感的心態也是其中之一。就很多方面來說，清潔打扮自己是一種尊重別人的表現。這點在某些行為上顯而易見，例如穿著西裝去參加葬禮之類；不過我們在日常生活中試圖讓自己看起來體面像樣的行為（無論是為了約會、參加會議或只是去買杯咖啡），都細微地體現出這樣的心態。當我帶著剛睡醒的亂髮或是在有體味的狀態下出門時，最容易出現的心情是坐立難安，與其說是怕被人批評，不如說是因為這樣好像對其他花時間打理自己的人顯得不尊重。

鑒於院內感染和醫療疏失導致住院死亡的發生率及嚴重性，我時常在思考自己作為醫生究竟做了多少有益的事情。無論醫療保健產業帶來多大的幫助，光是在美國，每年就要耗費超過三點五兆美元的成本，這個數字已經逼近我們國內生產毛額的百分之二十。在二〇一八年，美國的人均醫療保健支出為一萬一千一百七十二美元。

從醫藥到肥皂和其他個人護理用品，美國人顯然為理應要讓我們更健康的產品和服務付出了過高的成本，並且有過度使用的現象。這種消費模式無法永續發展，而且大多數的產品或服務可能弊大於利。最大的進步之處，就是讓人能夠接觸自然的基本方針：讓我們有空間可以活動、有乾淨的空氣可以呼吸、有其他人可以互動及建立社交關係，還有植物、動物和土壤，能夠帶來我們透過演化過程適應、覆蓋在體表上幫助我們生存的微生物。

了解近年來有關皮膚菌叢的新知之後，我更加確定微生物是經過數百萬年演化而來的巧妙產物，是由其他數以兆計的有機物組合而成的超有機物；早在我們出現以前就有自己的生存之道，即使在人類消失之後也能繼續存在。維護菌叢生態系，不需要仰賴什麼尚未發現的護膚妙方，反而全都是我們已經知道的方法：好好吃飯、好好睡覺、減少焦慮，以及多接觸大自然。

更讓我放心的是發現接觸大自然、養寵物和人際接觸確實對健康有益。我們的本能大多都是正確的：某種程度上，我們知道戶外健行比在跑步機上行走來得好，蒔花弄草比去超市購物來得好，也知道在家裡種植物的好處值得我們盡力別把它們養死。

雖然我明確反對業者標榜虛假功效、販賣無用產品給消費者，但我依然認為事態有機會好轉。認識肥皂的行銷史，以及這段歷史對於菌源說與衛生的影響（讓原本很難推廣的觀念迅速普及開來）之後，我開始有點樂觀看待皮膚益生菌的觀念帶來的效應。購買皮膚益生菌產品這件事本身或許看似是浪費時間和金錢，也可能讓人體產生某些不良反應。不過，若保持身體乾淨是我們的天性，而且必然會有為了這樣的需求出現的商品，對於清潔的詮釋觀點就正在往更健全的方向發展。

乾淨或許很難定義，但亦有著豐富的意涵，可以指隔絕與滅菌，也可以是豐富與多樣。可接受度的標準是社會性的、暫時性的，而且絕大多數是出於主觀認定。不過，將我們的微生物群系納入考量因素之中，或許能讓更多人開始理解到我們照顧皮膚的方法影響到的不只是我們自己。在我們的身上和周圍，確實都有微生物群落存在。微生物和我們彼此影響，息息相關。

致謝

謹將本書獻給我的父母南西和吉姆（Nancy and Jim），以及祖母諾瑪（Norma）。多虧我的太太莎拉·耶格（Sarah Yager）和編輯寇特妮·楊（Courtney Young）鼎力相助，我才能寫出這本書。還有許多提供資料的人士、研究同仁和微生物愛好者，與我分享他們的想法、見解、研究內容以及個人衛生習慣，他們的慷慨與智慧對本書功不可沒。在此特別感謝路易斯與福爾圖娜·史匹茲、瓦兒·柯蒂斯、葛雷姆·盧克、珍妮·萊蒂馬基、茱莉·塞格雷、茱莉亞·史考特、傑克·吉爾伯特、羅伯·唐恩、伊麗莎白·波因特（Elizabeth Poynter）、凱瑟琳·亞森伯格以及賈斯汀·馬丁（Justin Martin）的協助，也非常感謝艾莉西亞·尹、歐婷·杭利、艾蜜莉·克雷格（Emily Kreiger）、瑞秋·溫納德、茱莉亞·吳、安妮· 葛特利柏（Annie Gottlieb）、珍·卡弗林納（Jane Cavolina）、艾迪娜·葛瑞格爾、大衛和麥可·布朗、阿維·吉爾伯特（Avi Gilbert）、艾瑞克·拉芬（Eric Lupfer）、凱莉·康納伯伊（Kelly Conaboy）、莉亞·芬尼根、瑪麗安·戈瑪（Mariam Gomaa）、潔琪·蕭斯特（Jackie Shost）以及凱蒂·馬丁（Katie Martin）等人撥冗與我分享他們的見解。感謝維多莉亞·卡斯托勒斯（Victoria Costales）、霍華德·弗爾曼（Howard Forman）、大衛·布拉德利（David Bradley）、史丹·佛蒙德（Sten Vermund）、艾德莉安·拉法朗斯（Adrienne LaFrance）、傑佛瑞·戈柏（Jeffrey Goldberg）、羅斯·安德森（Ross Andersen）以及保羅·比謝格里奧（Paul Bisceglio）在寫作期間給我的指導和支持。我還要謝謝在本書提到的實驗過程中，與我共處的所有人。

IX 煥新

Beveridge, Charles E. "Frederick Law Olmsted Sr." National Association for Olmsted Parks.

Borchgrevink, Carl P., et al. "Handwashing Practices in a College Town Environment." *Journal of Environmental Health*, April 2013. https://pubmed.ncbi.nlm.nih.gov/23621052/

Fee, Elizabeth, and Mary E. Garofalo. "Florence Nightingale and the Crimean War." *American Journal of Public Health* 100, no. 9 (2010): 1591. https://ajph.aphapublications.org/doi/10.2105/AJPH.2009.188607.

Fisher, Thomas. "Frederick Law Olmsted and the Campaign for Public Health." *Places*, November 2010.

Koivisto, Aino. "Finnish Children Spend the Entire Day Outside." Turku.fi, November 16, 2017. https://www.turku.fi/en/news/2017-11-16_finnish-children-spend-entire-day-outside

Martin, Justin. *Genius of Place: The Life of Frederick Law Olmsted*. Boston: Da Capo Press, 2011.

National Archives. "Florence Nightingale." https://www.nationalarchives.gov.uk/education/resources/florence-nightingale/

Olmsted, Frederick Law, and Jane Turner Censer. *The Papers of Frederick Law Olmsted, Volume IV: Defending the Union: The Civil War and the U.S. Sanitary Commission 1861–1863*. Baltimore: Johns Hopkins University Press, 1986.

Rich, Nathaniel. "When Parks Were Radical." *The Atlantic*, September 2016.

Ruokolainen, Lasse, et al. "Green Areas Around Homes Reduce Atopic Sensitization in Children." *Allergy* 70, no. 2 (2015): 195–202.

"Sanitation." UNICEF, June 2019. https:// data.unicef.org/ topic/ water- and-sanitation/ sanitation/. "

Sanitation." World Health Organization, June 14, 2019. https://www.who.int/news-room/fact-sheets/detail/sanitation

"Trachoma." World Health Organization, June 27, 2019. https://www.who.int/news-room/fact- sheets/detail/trachoma

"WASH Situation in Mozambique." UNICEF. https://www.unicef.org/mozambique/en/water-sanitation- and-hygiene-wash

Jackson, Kelly M., and Andrea M. Nazar. "Breastfeeding, the Immune Response, and Long-term Health." *Journal of the American Osteopathic Association* 106, no. 4 (2006): 203–7.

Karkman, Antti, et al. "The Ecology of Human Microbiota: Dynamics and Diversity in Health and Disease." *Annals of the New York Academy of Sciences* 1399, no. 1 (2017): 78–92.

Kim, Jooho P., et al. "Persistence of Atopic Dermatitis (AD): A Systematic Review and Meta-Analysis." *Journal of the American Academy of Dermatology* 75, no. 4 (2016): 681–87. https:// doi.org/ 10.1016/j.jaad.2016.05.028.

Lehtimäki, Jenni, et al. "Patterns in the Skin Microbiota Differ in Children and Teenagers Between Rural and Urban Environments." *Scientific Reports* 7(2017): 45651.

Levy, Barry S., et al., eds. *Occupational and Environmental Health: Recognizing and Preventing Disease and Injury.* 6th ed. New York: Oxford University Press, 2011.

Mueller, Noel T., et al. "The Infant Microbiome Development: Mom Matters." *Trends in Molecular Medicine* 21, no. 2 (2015): 109–17.

Myles, Ian A., et al. "First- in- Human Topical Microbiome Transplantation with *Roseomonas mucosa* for Atopic Dermatitis." *JCI Insight* 3, no. 9 (2018). https:// doi.org/ 10.1172/ jci. insight.120608.

Picco, Federica, et al. "A Prospective Study on Canine Atopic Dermatitis and Food-Induced Allergic Dermatitis in Switzerland." *Veterinary Dermatology* 19, no. 3 (2008): 150–55.

Richtel, Matt, and Andrew Jacobs. "A Mysterious Infection, Spanning the Globe in a Climate of Secrecy." *New York Times,* April 6, 2019.

Ross, Ashley A., et al. "Comprehensive Skin Microbiome Analysis Reveals the Uniqueness of Human Skin and Evidence for Phylosymbiosis within the Class Mammalia." *Proceedings of the National Academy of Sciences* 115, no. 25 (2018): E5786–95.

Scharschmidt, Tiffany C. "*S. aureus* Induces IL- 36 to Start the Itch." *Science Translational Medicine* 9, no. 418 (2017): eaar2445.

Scott, Julia. "My No- Soap, No Shampoo, Bacteria- Rich Hygiene Experiment." *New York Times,* May 22, 2014.

Textbook of Military Medicine. Washington, DC: Office of the Surgeon General at TMM Publications, 1994.

Van Nood, Els, et al. "Duodenal Infusion of Donor Feces for Recurrent Clostridium Difficile." *New England Journal of Medicine* 368 (2013): 407–415. https://www.nejm.org/doi/10.1056/NEJMoa1205037

Wattanakrai, Penpun and James S. Taylor. "Occupational and Environmental Acne." In *Kanerva's Occupational Dermatology,* edited by Thomas Rustemeyer et al. (Berlin: Springer, 2012).

Winter, Caroline. "Germ- Killing Brands Now Want to Sell You Germs." *Bloomberg Businessweek,* April 22, 2019.

Pearce, Richard F., et al. "Bumblebees Can Discriminate Between Scent-Marks Deposited by Conspecifics." Scientific Reports 7 (2017): 43872.https://www.nature.com/articles/srep43872

Rodriguez- Esquivel, Miriam, et al. "Volatolome of the Female Genitourinary Area: Toward the Metabolome of Cervical Cancer." *Archives of Medical Research* 49, no. 1 (2018): 27–35.

Verhulst, Niels O., et al. "Composition of Human Skin Microbiota Affects Attractiveness to Malaria Mosquitoes." *PLoS ONE* 6, no. 12 (2011): e28991. https://journals.plos.org/plosone/article?id=10.1371/journal.pone.0028991

VIII 益菌

Benn, Christine Stabell, et al. "Maternal Vaginal Microflora During Pregnancy and the Risk of Asthma Hospitalization and Use of Antiasthma Medication in Early Childhood." *Allergy and Clinical Immunology* 110, no. 1 (2002): 72–77.

Capone, Kimberly A., et al. "Diversity of the Human Skin Microbiome Early in Life." *Journal of Investigative Dermatology* 131, no. 10 (2011): 2026–32.

Castanys- Munoz, Esther, et al. "Building a Beneficial Microbiome from Birth." *Advances in Nutrition* 7, no. 2 (2016): 323–30.

Clausen, Maja- Lisa, et al. "Association of Disease Severity with Skin Microbiome and Filaggrin Gene Mutations in Adult Atopic Dermatitis." *JAMA Dermatology* 154, no. 3 (2018): 293–300.

Council, Sarah E., et al. "Diversity and Evolution of the Primate Skin Microbiome." *Proceedings of the Royal Society B* 283, no. 1822 (2016): 20152586. https://royalsocietypublishing.org/doi/10.1098/rspb.2015.2586

Dahl, Mark V. "*Staphylococcus aureus* and Atopic Dermatitis." *Archives of Dermatology* 119, no. 10 (1983): 840–46.

Dotterud, Lars Kare, et al. "The Effect of UVB Radiation on Skin Microbiota in Patients with Atopic Dermatitis and Healthy Controls." *International Journal of Circumpolar Health* 67, no. 2- 3 (2008): 254– 60.

Flandroy, Lucette, et al. "The Impact of Human Activities and Lifestyles on the Interlinked Microbiota and Health of Humans and of Ecosystems." *Science of the Total Environment* 627 (2018): 1018–38.

Fyhrquist, Nanna, et al. "*Acinetobacter* Species in the Skin Microbiota Protect Against Allergic Sensitization and Inflammation." *Journal of Allergy and Clinical Immunology* 134, no. 6 (2014): 1301– 9.e11.

Grice, Elizabeth A., and Julie A. Segre. "The Skin Microbiome." *National Reviews in Microbiology* 9, no. 4 (2011): 244–53.

Grice, Elazbeth A., et al. "Topographical and Temporal Diversity of the Human Skin Microbiome." *Science* 324, no. 5931 (2009): 1190–92.

Hakanen, Emma, et al. "Urban Environment Predisposes Dogs and Their Owners to Allergic Symptoms." *Scientific Reports* 8 (2018): 1585.

Rook, Graham, et al. "Evolution, Human- Microbe Interactions, and Life History Plasticity." *The Lancet* 390, no. 10093 (2017): 521–30. https:// doi.org/ 10.1016/ S0140- 6736(17)30566- 4.

Scudellari, Megan. "News Feature: Cleaning Up the Hygiene Hypothesis." *Proceedings of the National Academy of Sciences* 114, no. 7 (2017): 1433–36.

Shields, J. W. "Lymph, Lymphomania, Lymphotrophy, and HIV Lymphocytopathy: An Historical Perspective." *Lymphology* 27, no. 1 (1994):21–40.

Stacy, Shaina L., et al. "Patterns, Variability, and Predictors of Urinary Triclosan Concentrations During Pregnancy and Childhood." *Environmental Science and Technology* 51, no. 11 (2017): 6404–13.

Stein, Michelle M., et al. "Innate Immunity and Asthma Risk in Amish and Hutterite Farm Children." *New England Journal of Medicine* 375, no. 5(2016): 411–21.

Velasquez- Manoff, Moises. *An Epidemic of Absence: A New Way of Understanding Allergies and Autoimmune Diseases.* New York: Scribner, 2012.

Von Hertzen, Leena C., et al. "Scientific Rationale for the Finnish Allergy Programme 2008–2018: Emphasis on Prevention and Endorsing Tolerance." *Allergy* 64, no. 5 (2009): 678–701.

Von Mutius, Erika. "Asthma and Allergies in Rural Areas of Europe." *Proceedings of the American Thoracic Society* 4 (2007): 212–16.

Warfield, Nia. "Men Are a Multibillion Dollar Growth Opportunity for the Beauty Industry." CNBC, May 20, 2019. https://www.cnbc.com/2019/05/17/men-are-a-multibillion-dollar-growth-opportunity-for-the- beauty-industry.html

VII 揮發

Baldwin, Ian T., and Jack C. Schultz. "Rapid Changes in Tree Leaf Chemistry Induced by Damage: Evidence for Communication Between Plants." *Science* 221, no. 4607 (1983): 277–79. https:// science.sciencemag.org/ content/ 221/ 4607/ 277.

Costello, Benjamin Paul de Lacy, et al. "A Review of the Volatiles from the Healthy Human Body." *Journal of Breath Research* 8, no. 1 (2014): 014001.

Emslie, Karen. "To Stop Mosquito Bites, Silence Your Skin's Bacteria." *Smithsonian,* June 30, 2015. https://www.smithsonianmag.com/science-nature/stop-mosquito-bites-silence-your-skins-bacteria- 180955772/

Gols, Richard, et al. "Smelling the Wood from the Trees: Non- Linear Parasitoid Responses to Volatile Attractants Produced by Wild and Cultivated Cabbage." *Journal of Chemical Ecology* 37 (2011): 795.

Guest, Claire. *Daisy's Gift: The Remarkable Cancer- Detecting Dog Who Saved My Life.* London: Virgin Books, 2016.

Hamblin, James. "Emotions Seem to Be Detectable in Air." *The Atlantic,* May 23, 2016.

Maiti, Kiran Sankar, et al. "Human Beings as Islands of Stability: Monitoring Body States Using Breath Profiles." *Scientific Reports* 9 (2019): 16167.

"Statement on FDA Investigation of WEN by Chaz Dean Cleansing Conditioners." U.S. Food and Drug Administration, November 15, 2017.

Strachan, David. "Hay Fever, Hygiene, and Household Size." *British Medical Journal* 299 (1989): 1259– 60. https://www.bmj.com/content/299/6710/1259

Vatanen, Tommi. "Variation in Microbiome LPS Immunogenicity Contributes to Autoimmunity in Humans." *Cell* 165, no. 4 (2016): 842– 53.https:// doi.org/ 10.1016/ j.cell.2016.04.007.

"Walmart Recalls Camp Axes Due to Injury Hazard." United States Consumer Product Safety Commission, October 3, 2018.

VI 縮減

"Bacteria Therapy for Eczema Shows Promise in NIH Study." National Institutes of Health. U.S. Department of Health and Human Services, May 3, 2018. https://www.nih.gov/news-events/news- releases/bacteria-therapy-eczema-shows-promise-nih-study

Bennett, James. "Hexachlorophene." *Cosmetics and Skin*, October 3, 2019.

Bloomfield, Sally F. "Time to Abandon the Hygiene Hypothesis: New Perspectives on Allergic Disease, the Human Microbiome, Infectious Disease Prevention and the Role of Targeted Hygiene." *Perspectives in Public Health* 136, no. 4 (2016): 213– 24.

Bobel, Till S., et al. "Less Immune Activation Following Social Stress in Rural vs. Urban Participants Raised with Regular or No Animal Contact, Respectively." *Proceedings of the National Academy of Sciences* 115, no. 20(2018): 5259– 64.

Callard, Robin E., and John I. Harper. "The Skin Barrier, Atopic Dermatitis and Allergy: A Role for Langerhans Cells?" *Trends in Immunology* 28, no. 7(2007): 294–98.

"Gaspare Aselli (1581–1626). The Lacteals." *JAMA* 209, no. 5 (1969): 767.https:// doi.org/ 10.1001/ jama.1969.03160180113016.

Gilbert, Jack, and Rob Knight. *Dirt Is Good: The Advantage of Germs for Your Child's Developing Immune System*. New York: St. Martin's Press, 2017.

Hamblin, James. "The Ingredient to Avoid in Soap." *The Atlantic*, November 17, 2014.

Holbreich, Mark, et al. "Amish Children Living in Northern Indiana Have a Very Low Prevalence of Allergic Sensitization." *Journal of Allergy and Clinical Immunology* 129, no. 6 (2012): 1671–73.

Lee, Hye- Rim, et al. "Progression of Breast Cancer Cells Was Enhanced by Endocrine-Disrupting Chemicals, Triclosan and Octylphenol, via an Estrogen Receptor- Dependent Signaling Pathway in Cellular and Mouse Xenograft Models." *Chemical Research in Toxicology* 27, no. 5 (2014): 834–42.

MacIsaac, Julia K., et al. "Health Care Worker Exposures to the Antibacterial Agent Triclosan." *Journal of Occupational and Environmental Medicine* 56, no. 8 (2014): 834– 39. https:// doi. org/ 10.1097/ jom.0000000000000183.

V 解毒

Burisch, Johan, et al. "East– West Gradient in the Incidence of Inflammatory Bowel Disease in Europe: The ECCO- EpiCom Inception Cohort." *Gut* 63(2014): 588– 97. https://www.researchgate.net/publication/262043153_East- West_gradient_in_the_incidence_of_inflammatory_bowel_disease_in_Europe_The_ECCO- EpiCom_inception_cohort

Dunn, Robert R. "The Evolution of Human Skin and the Thousands of Species It Sustains, with Ten Hypothesis of Relevance to Doctors." In *Personalized, Evolutionary, and Ecological Dermatology,* edited by Robert A. Norman (Switzerland: Springer International Publishing, 2016).

"FDA Authority Over Cosmetics: How Cosmetics Are Not FDA- Approved, but Are FDA-Regulated." U.S. Food and Drug Administration.

Feinstein, Dianne, and Susan Collins. "The Personal Care Products Safety Act." *JAMA Internal Medicine* 178, no. 5 (2018): 201– 2.

"Fourth National Report on Human Exposure to Environmental Chemicals."U.S. Department of Health and Human Services Centers for Disease Control and Prevention, 2009.

Graham, Jefferson. "Retailer Claire's Pulls Makeup from Its Shelves over Asbestos Concerns." *USA Today*, December 27, 2017.

"Is It a Cosmetic, a Drug, or Both? (Or Is It Soap?)" U.S. Food and Drug Administration. "More Health Problems Reported with Hair and Skin Care Products," KCUR, June 26, 2017.

Patterson, Christopher, et al. "Trends and Cyclical Variation in the Incidence of Childhood Type 1 Diabetes in 26 European Centres in the 25- Year Period 1989– 2013: A Multicentre Prospective Registration Study." *Diabetologia* 62(2019): 408–17. https://link.springer.com/article/10.1007/s00125- 018-4763-3

——. "Worldwide Estimates of Incidence, Prevalence and Mortality of Type 1 Diabetes in Children and Adolescents: Results from the International Diabetes Federation Diabetes Atlas, 9th edition." *Diabetes Research and Clinical Practice* 157 (2019). https:// doi.org/ 10.1016/j.diabres.2019.107842.

Prescott, Susan, et al. "A Global Survey of Changing Patterns of Food Allergy Burden in Children." *World Allergy Organization Journal* 6 (2013): 1– 12. https://waojournal.biomedcentral.com/articles/10.1186/1939-4551-6-21

Pycke, Benny, et al. "Human Fetal Exposure to Triclosan and Triclocarban in an Urban Population from Brooklyn, New York." *Environmental Science & Technology* 48, no. 15 (2014): 8831– 38. https://pubs.acs.org/doi/10.1021/es501100w

Scudellari, Megan. "News Feature: Cleaning Up the Hygiene Hypothesis." *Proceedings of the National Academy of Sciences of the United States of America* 114, no. 7 (2017): 1433–36. https://www.pnas.org/doi/10.1073/pnas.1700688114

Silverberg, Jonathan I." Public Health Burden and Epidemiology of Atopic Dermatitis." *Dermatologic Clinics* 35, no. 3 (2017): 283–89. https://pubmed.ncbi.nlm.nih.gov/28577797/

Spitz, Luis, ed. *Soap Manufacturing Technology.* Urbana, IL: AOCS Press, 2009.

Spitz, Luis, and Fortuna Spitz. *The Evolution of Clean: A Visual Journey Through the History of Soaps and Detergents.* Washington, DC: Soap and Detergent Association, 2006.

"Who Invented Body Odor?" Roy Rosenzweig Center for History and New Media. https://rrchnm.org/sidelights/who-invented-body-odor/

Willingham, A. J. "Why Don't Young People Like Bar Soap? They Think It's Gross, Apparently." CNN, August 29, 2016.

Wisetkomolmat, Jiratchaya, et al. "Detergent Plants of Northern Thailand: Potential Sources of Natural Saponins." *Resources* 8, no. 1 (2019). https://www.mdpi.com/2079-9276/8/1/10

Zax, David. "Is Dr. Bronner's All- Natural Soap A $50 Million Company or an Activist Platform? Yes." *Fast Company*, May 2, 2013.

IV 光彩

Baumann, Leslie. *Cosmeceuticals and Cosmetic Ingredients.* New York: McGraw- Hill Education/ Medical, 2015.

"Clean Beauty— and Why It's Important." *Goop.*

"Emily Weiss." The Atlantic Festival, YouTube, October 8, 2018.

Fine, Jenny B. "50 Beauty Execs Under 40 Driving Innovation." *Women's Wear Daily,* June 24, 2016.

Jones, Geoffrey. *Beauty Imagined: A History of the Global Beauty Industry.* New York: Oxford University Press, 2010.

Strzepa, Anna, et al. "Antibiotics and Autoimmune and Allergy Diseases: Causative Factor or Treatment?" *International Immunopharmacology* 65(2018): 328–41.

Surber, Christian, et al. "The Acid Mantle: A Myth or an Essential Part of Skin Health?" *Current Problems in Dermatology* 54 (2018): 1–10.

Varagur, Krithika. "The Skincare Con." The Outline, January 30, 2018.

Warfield, Nia. "Men Are a Multibillion Dollar Growth Opportunity for the Beauty Industry." CNBC, May 20, 2019.

Wischhover, Cheryl. "Glossier, the Most- Hyped Makeup Company on the Planet, Explained." Vox, March 4, 2019. https://www.vox.com/the-goods/2019/3/4/18249886/glossier-play-emily-weiss-makeup

——. "The Glossier Machine Kicks into Action to Sell Its New Product." Racked, March 4, 2018. https://www.racked.com/2018/3/4/17079048/glossier-oscars

Schafer, Edward H. "The Development of Bathing Customs in Ancient and Medieval China and the History of the Floriate Clear Palace." *Journal of the American Oriental Society* 76, no. 2 (1956): 57– 82.

Schwartz, David A., ed. *Maternal Death and Pregnancy- Related Morbidity Among Indigenous Women of Mexico and Central America: An Anthropological, Epidemiological, and Biomedical Approach*. Cham, Switzerland: Springer International, 2018.

Yegül, Fikret. *Bathing in the Roman World*. New York: Cambridge University Press, 2010.

III 皂沫

Bollyky, Thomas J. *Plagues and the Paradox of Progress: Why the World Is Getting Healthier in Worrisome Ways*. Cambridge, MA: The MIT Press, 2018.

Cox, Jim. *Historical Dictionary of American Radio Soap Operas*. Lanham, MD: Scarecrow Press / Rowman and Littlefield, 2005.

"Donkey Milk." *World Heritage Encyclopedia*.

"Dr. Bronner's 2019 All- One! Report." https://www.drbronner.com/2019-all-one-report/

Evans, Janet. *Soap Making Reloaded: How to Make a Soap from Scratch Quickly and Safely: A Simple Guide for Beginners and Beyond*. Newark, DE: Speedy Publishing, 2013.

Gladstone, W. E. *The Financial Statements of 1853 and 1860, to 1865*. London: John Murray, 1865.

Heyward, Anna. "David Bronner, Cannabis Activist of the Year." *The New Yorker*, February 29, 2016.

McNeill, William H. *Plagues and Peoples*. New York: Doubleday, 1977.

Mintel Press Office. "Slippery Slope for Bar Soap As Sales Decline 2% since 2014 in Favor of More Premium Options." Mintel, August 22, 2016.

"Palm Oil: Global Brands Profiting from Child and Forced Labour." Amnesty International, November 30, 2016. https://www.amnesty.org/en/latest/news/2016/11/palm-oil-global-brands-profiting-from-child-and- forced-labour/

Port Sunlight Village Trust. "About Port Sunlight: History and Heritage."

Prigge, Matthew. "The Story Behind This Bar of Palmolive Soap."Milwaukee Magazine, January 25, 2018.

Savage, Woodson J. III. *Streetcar Advertising in America*. Stroud, Gloucestershire, UK: Fonthill Media, 2016.

"Soap Ingredients." Handcrafted Soap & Cosmetic Guild.

Spitz, Luis. *SODEOPEC: Soaps, Detergents, Oleochemicals, and Personal Care Products*. Champaign, IL: AOCS Press, 2004.

Blackman, Aylward M. "Some Notes on the Ancient Egyptian Practice of Washing the Dead." *The Journal of Egyptian Archaeology* 5, no. 2 (1918):117–24.

Boccaccio, Giovanni. *The Decameron.* Translated by David Wallace. Landmarks of World Literature. Cambridge, UK: Cambridge University Press, 1991.

Curtis, Valerie A. "Dirt, Disgust and Disease: A Natural History of Hygiene." *Journal of Epidemiology and Community Health* 61, no. 8 (2007): 660–64. https://jech.bmj.com/content/61/8/660.short

——. "Hygiene." In *Berkshire Encyclopedia of World History,* 2nd ed., edited by William H. McNeill et al., 1283–87. Great Barrington, MA: Berkshire, 2010.

——. "Infection- Avoidance Behaviour in Humans and Other Animals." *Trends in Immunology* 35, no. 10 (2014): 457–64. https://pubmed.ncbi.nlm.nih.gov/25256957/

——. "Why Disgust Matters." *Philosophical Transactions of the Royal Society B* 366, no. 1583 (2011): 3478– 90. https://www.ncbi.nlm.nih.gov/pmc/articles/PMC3189359/

Fagan, Garrett. *Bathing in Public in the Roman World.* Ann Arbor: University of Michigan Press, 2002.

——. "Three Studies in Roman Public Bathing." PhD diss., McMaster University, 1993.

Foster, Tom. "The Undiluted Genius of Dr. Bronner's." *Inc.*, April 3, 2012.

Galka, Max. "From Jericho to Tokyo: The World's Largest Cities Through History— Mapped." *The Guardian*, December 6, 2016.

Goffart, Walter. *Barbarian Tides: The Migration Age and the Later Roman Empire.* Philadelphia: University of Pennsylvania Press, 2006.

Hennessy, Val. "Washing Our Dirty History in Public." *Daily Mail,* April 1, 2008. https://www.dailymail.co.uk/home/books/article-548111/Washing-dirty-history-public.html

Jackson, Peter. "Marco Polo and His 'Travels.'" *Bulletin of the School of Oriental and African Studies* (University of London) 61, no. 1 (1998): 82– 101.

Konrad, Matthias, et al. "Social Transfer of Pathogenic Fungus Promotes Active Immunisation in Ant Colonies." *PLoS Biology* 10, no. 4 (2012): e1001300.

Morrison, Toni. "The Art of Fiction," no. 134. Interview by Elissa Schappell and Claudia Brodsky Lacour. *Paris Review* 128 (Fall 1993). https://www.theparisreview.org/interviews/1888/the-art-of- fiction-no-134-toni-morrison

Poynter, Elizabeth. *Bedbugs and Chamberpots: A History of Human Hygiene.* CreateSpace, 2015.

Prum, Richard O. *The Evolution of Beauty: How Darwin's Forgotten Theory of Mate Choice Shapes the Animal World— and Us.* New York: Doubleday, 2017.

Roesdahl, Else, et al., eds. The Vikings in England and in Their Danish Homeland. London: The Anglo- Danish Viking Project, 1981.

Kusari, Ayan, et al. "Recent Advances in Understanding and Preventing Peanut and Tree Nut Hypersensitivity." F1000 Research 7 (2018). https://www.ncbi.nlm.nih.gov/pmc/articles/PMC6208566/

Laino, Charlene. "Eczema, Peanut Allergy May Be Linked." WebMD, March 1, 2010. https://www.webmd.com/skin-problems-and-treatments/eczema/news/20100301/eczema-peanut- allergy-may-be-linked

Mooney, Chris. "Your Shower Is Wasting Huge Amounts of Energy and Water. Here's What You Can Do About It." *Washington Post*, March 4, 2015.

Nakatsuji, Teruaki, et al. "A Commensal Strain of *Staphylococcus epidermidis* Protects Against Skin Neoplasia." *Science Advances* 4, no. 2(2018): eaao4502. https://www.science.org/doi/10.1126/sciadv.aao4502

Paller, Amy S., et al. "The Atopic March and Atopic Multimorbidity: Many Trajectories, Many Pathways." *Journal of Allergy and Clinical Immunology* 143, no. 1 (2019): 46–55.

Rocha, Marco A., and Edileia Bagatin. "Adult- Onset Acne: Prevalence, Impact, and Management Challenges." *Clinical, Cosmetic and Investigational Dermatology* 11 (2018): 59–69. https:// doi.org/ 10.2147/ CCID.S137794.

"Scientists Identify Unique Subtype of Eczema Linked to Food Allergy." National Institutes of Health, U.S. Department of Health and Human Services, February 20, 2019.

Shute, Nancy. "Hey, You've Got Mites Living on Your Face. And I Do, Too." NPR, August 28, 2014.

Skotnicki, Sandy. *Beyond Soap: The Real Truth about What You Are Doing to Your Skin and How to Fix It for a Beautiful, Healthy Glow.* Toronto: Penguin Canada, 2018.

Spergel, Jonathan M., and Amy S. Paller. "Atopic Dermatitis and the Atopic March." *Journal of Allergy and Clinical Immunology* 112, no. 6 suppl.(2003): S118–27.

Talib, Warnidh H., and Suhair Saleh. " *Propionibacterium acnes* Augments Antitumor, Anti-Angiogenesis and Immunomodulatory Effects of Melatonin on Breast Cancer Implanted in Mice." *PLoS ONE* 10, no. 4 (2015): e0124384.

Thiagarajan, Kamala. "As Delhi Chokes on Smog, India's Health Minister Advises: Eat More Carrots." NPR, November 8, 2019.

II 淨化

Ashenburg, Katherine. *The Dirt on Clean: An Unsanitized History*. Toronto: Knopf Canada, 2007.

Behringer, Donald C., et al. "Avoidance of Disease by Social Lobsters." *Nature* 441 (2006): 421.

Black Death, The. Translated and edited by Rosemary Horrox. Manchester Medieval Sources series. Manchester, UK: Manchester University Press, 1994.

參考資料

I 無暇

Abuabara, Katrina, et al. "Prevalence of Atopic Eczema Among Patients Seen in Primary Care: Data from the Health Improvement Network." *Annals of Internal Medicine* 170, no. 5 (2019): 354–56. https://pubmed.ncbi.nlm.nih.gov/30508419/

Armelagos, George, et al. "Disease in Human Evolution: The Re-emergence of Infectious Disease in the Third Epidemiological Transition." *AnthroNotes* 18 (1996): 1–7. https://www.researchgate.net/publication/251820785_Disease_in_Human_Evolution_The_Re-emergence_of_Infectious_Disease_in_the_Third_Epidemiological_Transition

"Base Price of Cigarettes in NYC Up to $13 a Pack." Spectrum News NY1, June 1, 2018. https://www.ny1.com/nyc/all-boroughs/health-and-medicine/2018/06/01/new-york-city-cigarettes-base- price

Bharath, A. K., and R. J. Turner. "Impact of Climate Change on Skin Cancer." *Journal of the Royal Society of Medicine* 102, no. 6 (2009): 215–18.

Chauvin, Juan Pablo, et al. "What Is Different about Urbanization in Rich and Poor Countries? Cities in Brazil, China, India and the United States." *Journal of Urban Economics* 98 (2017): 17–49.

Chitrakorn, Kati. "Why International Beauty Brands Are Piling into South Korea." Business of Fashion, December 19, 2018.

Chung, Janice, and Eric L. Simpson. "The Socioeconomics of Atopic Dermatitis." *Annals of Allergy, Asthma and Immunology* 122 (2019):360–66. https://pubmed.ncbi.nlm.nih.gov/30597208/

Clausen, Maja- Lisa, et al. "Association of Disease Severity with Skin Microbiome and Filaggrin Gene Mutations in Adult Atopic Dermatitis." *JAMA Dermatology* 154, no. 3 (2018): 293–300.

Dreno, B. "What Is New in the Pathophysiology of Acne, an Overview." *Journal of the European Academy of Dermatology and Venereology* 31, no. 55 (2017): 8–12. https://onlinelibrary.wiley.com/doi/10.1111/jdv.14374

Garcia, Ahiza. "The Skincare Industry Is Booming, Fueled by Informed Consumers and Social Media." CNN, May 10, 2019.

Hajar, Tamar, and Eric L. Simpson. "The Rise in Atopic Dermatitis in Young Children: What Is the Explanation?" *JAMA Network Open* 1, no. 7 (2018): e184205.

Hamblin, James. "I Quit Showering, and Life Continued." *The Atlantic*, June 9, 2016. https://www.theatlantic.com/health/archive/2016/06/i-stopped-showering-and-life-continued/486314/

Hou, Kathleen. "How I Used Korean Skin Care to Treat My Eczema." The Cut, August 15, 2019. https://www.thecut.com/2018/02/how-i-used-korean-skin-care-to-treat-my-eczema.html

皮膚微生物群：護膚、細菌與肥皂，你所不知道的新科學

原著書名／Clean: The New Science of Skin
作　　者／詹姆斯·漢布林（James Hamblin）
譯　　者／黃于薇
企畫選書／辜雅穗
責任編輯／辜雅穗

總 編 輯／辜雅穗
總 經 理／黃淑貞
發 行 人／何飛鵬
法律顧問／台英國際商務法律事務所　羅明通律師
出　　版／紅樹林出版
臺北市中山區民生東路二段 141 號 7 樓
電話：(02) 2500-7008　傳真：(02) 2500-2648
發　　行／英屬蓋曼群島商家庭傳媒股份有限公司城邦分公司
聯絡地址：台北市中山區民生東路二段 141 號 2 樓
書虫客服服務專線：(02) 25007718．(02) 25007719
24 小時傳真服務：(02) 25001990．(02) 25001991
服務時間：週一至週五 09:30-12:00．13:30-17:00
郵撥帳號：19863813　戶名：書虫股份有限公司
讀者服務信箱 email：service@readingclub.com.tw
城邦讀書花園：www.cite.com.tw
香港發行所／城邦（香港）出版集團有限公司
地址：香港灣仔駱克道 193 號東超商業中心 1 樓
email：hkcite@biznetvigator.com
電話：(852)25086231　傳真：(852) 25789337
馬新發行所／城邦（馬新）出版集團 Cité(M)Sdn. Bhd.
41, Jalan Radin Anum, Bandar Baru Sri Petaling,
57000 Kuala Lumpur, Malaysia.
電話：(603) 90578822　傳真：(603) 90576622
email:cite@cite.com.my

封面設計／mollychang.cagw
內頁排版／葉若蒂
印　　刷／卡樂彩色製版印刷有限公司
經 銷 商／聯合發行股份有限公司
電話：(02)291780225　傳真：(02)29110053

2022 年 6 月初版
定價 580 元
Printed in Taiwan

ISBN 978-626-96059-0-3

國家圖書館出版品預行編目 (CIP) 資料

皮膚微生物群 : 護膚、細菌與肥皂 , 你所不知道的新科學 / 詹姆斯 . 漢布林 (James Hamblin) 著 ; 黃于薇譯 . -- 初版 . -- 臺北市 : 紅樹林出版 : 英屬蓋曼群島商家庭傳媒股份有限公司城邦分公司發行 , 2022.06　288 面 ; 14.8*21 公分 . -- (earth ; 19)
譯自 : Clean : the new science of skin
ISBN 978-626-96059-0-3(平裝)

1.CST: 皮膚 2.CST: 健康法 3.CST: 個人衛生

394.29　111006611